Vision

一些人物，
一些視野，
一些觀點，
與一個全新的遠景！

Sweet Spot

.com 一夕爆紅網路效應

Mr. 6 著

Digg **Twitter** SmileBox Hi5 Meebo Yahoo! **Google**
Webs-TV Feedburner LiveJournal Zoomr Amazon Kyte
Xuite **Flickr** HOTorNOT Sam Has 7 Friends MissDewey
TechCrunch Speegle UDN Justin.tv DotComGuy **MySpace**
OurPrisoner Facebook Bebo **Linkedin** Orkut Jigsaw
Ziggs Engadget mingpian Rocketboom Friendster
milliondollarhomepage Jobster Geni Ancestry
AncestorHunt FamilySearch IPSpotting Genealogy Spock
CNN Kijiji AllAdvantage Moola **YouTube**
OneThousandPaintings Celebsfun 2toThe22 JenniCam
monthlydollar Pixelotto **Wikipedia** PCHome BoingBoing
HuffingtonPost TechCrunch Zingfu ITHome Xuite
Photobucket Netflix Lexxe Jaiku Tumblr Frazr
BubooGoodStorm MeCommerce AFewURLs AGLOCO MSN
MyIPNeighbors **Wretch** ZoomInfo ElfYourself Alexa
Pikipimp Greetlets BubbleShare OhMyNews **PlentyOfFish**

自序

重生的網際網路，驚人的網路效應

　　在進入這本書之前，有一件事一定要先問問各位，上次您聽到「網際網路」（internet）是什麼時候？

　　您或許聽過維基百科、MySpace、Digg、Flickr、Twitter、Meebo。

　　您或許聽過YouTube和其創辦人之一的陳士駿（Steve Chen）的驚奇致富之旅。

　　不然，您或許聽過「無名小站」和幾位交大畢業年輕學生的創業故事。

　　至少，您應該聽過Google，和它兩位年輕創辦人的風雲。再不然，也應該聽過「雅虎」，與楊致遠這個名字。

　　聽過這些故事，卻沒有任何驚嘆或感想？沒有想做什麼事？

　　這些故事和我們無關，網際網路不過只是中樂透的幸運兒，只是無法賺錢的跛腳公司，只是虛幻不實的夢想？

　　各位，我們犯了一個錯誤。

　　記得六年前，全民瘋網路，全部的錢都投資了進來，股票在還沒有獲利就直接上市，以「本夢比」的操作結果下，西元2000年，當全球人類慶賀著這無際想像的科技世代——21世紀的正式開始，也得到了第一個大教訓——股市全面崩盤！投資人的期待被打破得一乾二淨，專家們樂觀的「網路即將取代一切」的預測瞬間變成落滿地的眼鏡碎片，幾達沸點的「網路熱」，剎那間直線掉落、降至冰點。

　　但，時光到了今天，**網路未死，而且復甦**。今天，有人喊出了所謂的「Web 2.0」，二代網路的旗幟搖得震天價響，聲勢絕對不輸六年前的前輩。這幾年來，雖然仍沒有看到任何網站上市，但Google和Yahoo!等大型網路公司卻張開雙臂，將這些剛剛創立一、兩年的網站「併購」買下，其價錢從1,000萬美元（3億3千萬台幣）起跳，到10億美元（330億台幣）都有，超過這數字的甚至還大有人在。既有人高價買，肯定就有人想投資，於是，創投投資網路的總金額年年創新高，最近的網路可說真是非常、非常的熱鬧！

　　但，在矽谷之外的世界，以及一些網路相對沒這麼熱門的地區如台灣，大家看到此情形，難免還是覺得有點怪怪的，於是，紛紛以最嚴厲、最專業的問題來問問這些新創的網站：

「他們有明確的獲利模式嗎？」

「何時才能達到損益兩平？」

「營收長而持久嗎？」

「Google在當冤大頭吧？」

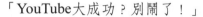

「YouTube大成功？別鬧了！」

我在矽谷念書、工作已久，回到台灣加入創投界，深深的感覺到此地人對網際網路的理解有著相當嚴重的扭曲，遂從2006年開始，以「Mr. 6」為筆名，經營了一個專業部落格，其他題目不寫，唯一寫的就是「網際網路」，天天一篇三千字的文章，報導網路、分析網路、推廣網路，很快就在網路界得到了矚目與知名度。一年下來，這個「Mr. 6」部落格Feedburner訂閱人數目前為繁體中文部落格中最高者，上課、演講邀約不斷，也讓我終於毅然決定丟下創投的職涯，再次回到網路界，率領台灣第一支「網站外銷」團隊，進攻上網總人口高達4億人的英語市場。

今天，依然不時有人跑來找我，提出他們對於上述「網站根本不能做」的問題，我就算回答得再有耐心，依然有一種很深、很深的無奈與無力感。我不時在想，到底該怎麼告訴大家，網路有多美好呢？

網站不是公司，而是任務

2007年6月9日，已成百億富翁的YouTube創辦人陳士駿回到台灣，媒體為他舉辦了一場公開演講。我也過去聽了，坐在第26排。

演講到最後，我們的觀眾問這位「台灣之光」陳士駿的，竟然大致脫不了下面這兩個問題的範圍：

「YouTube如何獲利？」

「YouTube如何處理使用者上載盜版影片？」

當然，觀眾會問這些問題也有他們的道理。因為，以公司的角度來看，YouTube如此另類：它才成立不到兩年，還沒賺錢，就已經渾身都是可能侵權的內容物，這樣的一間「公司」，竟還是可以以16.5億美元的高價賣出，所以，大家尖銳問題全部集中在它的「獲利」和「合法性」。

不料，當場，陳士駿馬上表達不悅之色：「這些問題，真的有點無聊了。」

台下的人對他的直率反應應該是嚇一跳。而我則老神在在，早就知道陳士駿一定會對這種問題感到不耐。這些對於網際網路的質疑，大家覺得問得頗有道理，但聽在矽谷的網站經營者耳中卻有些可笑。記得那段時間，我剛好正準備為這本書定稿，碰到這件事，也讓我更堅信這本書對於台灣的網路經營者、企業主管、各界菁英人士而言，都會是一本很有意義、很有價值的書，因為，它帶領我們重新認識了網路最美麗的本質──

「新世代網站，並不是公司！」

沒錯！網站不是「公司」，它是一個「團隊」；或許，它只是一個人。一個網站是可以由一、兩個人就做出來的。從前我和弟弟兩人組成的創業團隊，每天都在想新點子，平均只要三個月就推出一個新網站。目前檯面上這些網站，LiveJournal是由一個人寫出來，Zoomr也是由一個人寫出來，Bebo是由一對夫妻做出來的，Digg甚至是外包給海外開發出來的。網站做出來後，一開始並無商業交易，既不必開發票

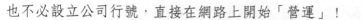

也不必設立公司行號,直接在網路上開始「營運」!

「網站團隊」和正規的「公司」究竟有何不同?一間公司就如同一個獨立的經濟個體,必須自己維生,並且為股東創造價值;這是人類共同合作來創造經濟價值的重要依歸,也受到各種法律的管轄以及幾百年的歷練。但一個「網站團隊」,卻可能只是一支不正規的游擊軍,專門遊走於各方,它的目標只是完成一、兩項「任務」,管它本身是不是可以永久。這支游擊軍被派出來,就是因為「那個任務」實在太誘人!

「甜蜜點」、「網路效應」：
用錢都砸不出的可怕效果

那是一個什麼樣的「任務」?網站憑什麼可以被投資這麼多錢,然後什麼事都不做?

就是「人」。

說清楚一點,是「會員」。

網站,已經被證明,是一個可怕的「會員」製造機、「吸眾」大磁鐵、「粉絲」生產器!這些網站靠著新型社群的串聯力,在短短兩年內就可以達到1,000萬名會員以上的可怕水準。儘管它的獲利少得可憐,連一間連鎖洗衣店都比不上,但,它卻能做到Fortune 500公司砸下幾兆廣告預算都做不到的事!

究竟網路是怎麼做到這麼驚人的效應的?為何最近好幾

個網站，都可以達到這樣駭人的成就？

答案，就是這本書的主題：「甜蜜點」與「網路效應」。

「甜蜜點」（Sweet Spot），是我在網路界率先提出的名詞，意指一個關鍵點，之前沒人知道，一旦被做出來了，可以讓那個網站在沒有任何宣傳行銷的情況下，會員數、流量、瀏覽頁術皆馬上扶搖直上。

而**「網路效應」**（Network Effect）這個字，現在已廣為美國網路分析師與主流媒體所使用。這個字的意思是在形容最近的網站起飛的方法：「人拉人、人傳人」。網站經營者只需要輕輕的啟動一個開端，或許先影響四周的十個人，然後十個人就會傳給一百人，一百人傳給一千人，不費吹灰之力的一波一波影響出去。

「甜蜜點」與「網路效應」這兩字的關係通常是：**一個網站打中了「甜蜜點」，便啟動了一場順暢的一傳十、十傳百的「網路效應」**。儘管並不是每個「甜蜜點」都規定一定得啟動某種一傳十、十傳百的網路效應，但在網路上，讓「甜蜜點」產生這種扶搖直上、直衝雲霄，幾乎奇蹟似的現象，也只有「網路效應」才有這麼厲害的能力！但如果沒有打中那個「甜蜜點」，想要產生多大的網路效應也是杠然！這也就是說，一個網站只要打中了這個小小的「甜蜜點」，就可以在不必任何宣傳的情況下，造成一連串、用錢都買不到的「網路效應」！

而「網路效應」和其他連鎖行銷方法不同。從前的廣告

手法，或許是從宣傳品直接訴諸一個群眾，有的是以口沫傳播（word of mouth）或會員幫忙拉新會員（member gets member）的方式，但「網路效應」不經過這樣的方法，而是透過網站特殊的設計，藉由「人拉人」的動作，可以拉到更多人、門檻更低、教更多人看到，讓它以比其他方法更快的速度達到目標人數！也就是說，「網路效應」的「網路」這兩個字，既可以當作「網際網路」，也可當作「人脈網路」，更可以視為拿來形容某一種透過人與人進行快速串聯的動作，它的意思就是一個透過網際網路的方式來造成串聯效果，迅速拓展人脈網路，以極低的成本（台幣1,000萬內）、極短的時間（一年內），就有機會達到其他公司用多少錢都造不出的、龐大的客戶基礎（customer base）。

有誰真的研究他們為何會起飛？

許多人看到網際網路成長得很快、很多人在裡面創業成功等等，可是，我們依然沒有「研究」到，每一段「成功史」以及每一次「奇蹟」背後的「網路效應」，其真實的來龍去脈。

我們往往只說故事。我們都曾經讀過某一個網站的奇蹟史，讀到無名小站從交大創辦、以7億台幣賣掉、創辦人每人各得5,000萬的故事；我們也讀過陳士駿創辦YouTube，在短短一年內就以16.5億美元賣掉，自己成為身價百億台幣的超級大富翁；我們隱約記得Google和雅虎當年也都是由不到

30歲的年輕小伙子創辦，現在都是在Nasdaq股票市場上收入媲美台積電的龐然公司。我們讀了好多好多的「How?」，知道他們的故事「如何」的發展，但，我們很少很少去問：「Why?」

為什麼？

為什麼這些網站成功了，而其他人卻失敗？

這次為了開設一間新的網站公司，我曾經和一位前來應徵的求職者有一段很有趣的對話。記得當天我只問他一個問題：

「為什麼YouTube會起飛？」

他愣了一下。

「唔，因為……影像是趨勢。」

我聽了，馬上回答：「趨勢外，還有什麼原因？」

「唔……因為時間到了。」

「因為『分享』非常吸引人。」

大約這樣來回四、五次，求職者以為他已經回答了問題，但這根本不成令人滿意的答案。就算是陳士駿上輩子燒的香，因為運氣好所以矇中的，但矇中也總有一個道理，這些會員才會如洪水般灌入YouTube，開始使用它吧？

而且，假如成功是同一套公式，為什麼大公司不去做，而是要等到這些小網站創立一年後用幾十億美元予以買下？

假如我們不去分析到底這些網站是如何起飛的，台灣怎麼有機會做出下一個網站？假如我們再這樣苟且下去，台灣怎麼可能有成功的自創品牌？

相信年輕人

伽利略認為地球繞太陽運行，當時大部分人視他是異教徒，甚至還害他差點葬送了生命。

現在，不認為地球繞太陽運行的人，可能會被當白癡。自古至今，人們永遠都活在過去他所熟悉的世界裡，永遠對於新的東西產生排斥，在這樣的氛圍下，只要你的視野夠，就可以輕易的開始一場革命，需要的不是什麼小聰明，而是一扇完全敞開的心門，以及一顆願意求知若渴的心！

我想，「網路效應」這檔事，應該不像當年「地球繞太陽運行」這件事一樣這麼難搞懂。只看讀者有沒有心去打開這一個眼界，好好再給網路一個機會。

寫這本書，要謝謝我父母長期的栽培與支持，我之所以如此不同，是因為我有很不一樣的父母，引導我從一個好學生，跳出好學生的思維框框；再從一個好員工，跳出好員工的思維框框；再從互聯網從業人員，跳出其他互聯網從業人員的思維框框。每天的Mr. 6文章，對我而言都是挑戰，我不斷挑戰自己，一定要想出另一個從未有人想到過的點子，也透過一次又一次的挑戰，我與網際網路一起成長，看到了比別人更遠的未來，也透過這本書，將這個未來分享給您。

最後，也謝謝您再次回到網路，歡迎您加入這個下一世代的盛宴，當然還要恭喜您，**找到了一個用錢，都買不到的，超強行銷工具。**

Sweet Spot
一夕爆紅網路效應

CONTENTS

得到的，觀眾也享受到他們最喜歡享受的。

進一層的深究，由部落格所產生的「網路效應」，究竟會長得什麼樣子？這場「網路效應」又該如何啟動、如何操作、如何管控？

維基百科

為何能以史上最快速度收集300倍資料？

chapter **1**

　　在這本書開始披露網站背後各種驚奇的「網路效應」之前，我想，應該由一個最具代表性的網站來為這一本豐富的著作做個轟動的開場。西元2000年後，網路逐漸從崩盤之後復原，這些年來，我們若攤開這麼多所謂「二代網站」（Web 2.0）公司的各項成績來看，最大的斬獲，應該就是這部驚人的「百科全書」。

　　這部百科全書，可以說是一個由無到有、由平地到大樓的平民奇蹟。它，就是知名的**「維基百科」（Wikipedia）**。維基百科是「眾人一起製作」的線上百科全書。傳統的百科全書，一般的網友就只能當「讀者」；但在維基百科，我們既是「讀者」，也是「作者」。任何人都可以對一篇文章提供修改、增加註解、提出爭議、投票表決……。所以，來到今天的維基百科，我們可以看到，幾乎什麼奇怪的字、奇怪的現象、特別的人名，都可以得到非常完整的解說；查到的這些東西，似乎也不因為所有網友皆可一起修改，就讓資料變得不太準確，每筆數據都細心的列出背後的來源。大家應該都有這樣的感覺，到維基百科那純白色的清新頁面，閱讀裡面的文章，就好像閱讀一篇篇已經平民化的深度學術作品，既娛人又有收穫。

　　據《Nature》雜誌做過一項調查指出，維基百科在自然科學方面的文章，已經幾乎和知名的百科全書《大英百科》（*Encyclopedia Britannica*）幾乎同樣的正確。而且和大英百科這種傳統百科全書相比，大部分最新的字眼，最快也要幾年後才會正式納入書中，但維基百科卻常常在大事件發生的

短短一天後，就出現了相關見解，讓網友常常大呼：「怎麼這麼快！」非常過癮。今天，在許多熟知網路使用的年輕人心中，維基百科早就已經成為他們交學校作業最仰賴的百科全書。也因為有了維基百科，學童們可以真的完全和圖書館說「bye bye」；回到舒適的家中上網查資料，比窩在圖書館還有效果。

　　有趣的是，《大英百科》百年來在全球熱銷不知幾千萬套，獲利驚人！「維基百科」雖然廣受網友喜愛，從頭到尾卻都是免費開放的，因此，它沒有收入。而且坦白說，它也並沒有規劃任何收入來源，它本來就永遠沒辦法比《大英百科》還賺錢！

　　不過，維基百科雖然無法賺錢，卻真的做到一些錢砸下去都做不到的事。維基百科卻可以以極少的人力與極少的資

源，就完全發揮了一場規模驚人的「網路效應」，一個拉一個，**在短短時間內，就集合了全世界各國熱心網友的智慧精華！**

　　翻開維基百科的歷史，可以看到這場成功的網路效應的驚人。維基百科的前身Nupedia創辦於2000年3月，不到一年後，於2001年初便由主要原主導人Jimmy Wales和Larry Sanger另外創辦另一非營利組織「維基媒體」（Wikimedia），並獲得Nupedia的文章挹入；當時，這本才剛創立的「新百科全書」，只有區區2萬則文章。2萬則文章，聽起來不多嗎？其實這個數字，已經讓當時推出了大約一百年的「大英百科第11版」（Encyclopedia Britannica Eleventh Edition）嚇了一跳，因為一百年來，它，也不過擁有4萬篇文章而已。

　　才過了一年，維基百科便輕輕鬆鬆的突破了《大英百科》的文章總數。到了今年，也就是維基百科創立的大約六年後，維基百科一共收集了720萬篇各種語言的文章，其中的英語版本就有170萬篇，等於是40套《大英百科》的內容，最重要的是，維基百科的成長速度簡直令人咋舌，在六年內，內容量從2萬到720萬，**成長了300多倍！**

　　假如大英百科繼續擴展下去，不用說六十年，就算給它六百年好了，可能都無法達成這麼驚人的資料量與高人氣！

　　若從語言版本來看，它一開始有18種語言的內容；一年後增加到26種語言，2003年則增到46種，2004年已經到了161種語言，今天它有251種語言，幾乎涵蓋了全球所有的語言。

　　更誇張的是，以文字為主的維基百科，等於以幾乎沒有

太多頻寬以外的成本（事實上頻寬也不必太重）情況下，獨力造出一個全網路第10大的網站。全球的百科全書專家，尤其是那些《大英百科》的老學究們，儘管一直批判維基百科是「烏合之眾」，也很不解的摸摸眼鏡，為何全世界有這麼多人願意免費貢獻這些智慧，這麼辛苦的在裡面辯證、討論，這麼熱心的幫忙維基百科？

從維基到維基百科，麻雀變鳳凰

維基百科的「維基」（Wiki）這個字，原本取自夏威夷文的「快速」，當年在網際網路才剛創立的1994年，便由網路高手Ward Cunningham在檀香山機場取了這個名字，為什麼要拿一個夏威夷音來取名字呢？因為這樣的話，就可以藉音將原本叫做World Wide Web的，叫成「Wiki Wiki Web」，強調像維基這樣「共同製作」的方式，絕對可以「快速」的產生內容。

當時有些成天關在機房玩電腦的「電腦怪才」（nerd），對這樣「共同製作的網頁」非常有興趣，認為這真是人類世界最美妙的一個境界。他們認為，網路，既然所有人都可以看得到，所有人也就都可以「改」到，假如我們可以做出一個讓全世界上的人都可以「修改」的媒介，集眾人之智慧，這個東西一定可以被修整得非常的完美！不是嗎？這些修改者不必見面，就算是在地球的另一端，依然可以通力合作；我們不必在同一個時間區域，你是白天，我在

睡覺；你在睡覺，我是白天，隨時都可以透過Wiki的機制共同製作一樣事情。

可是，說得容易做得難，事實不如想像中簡單。維基的想法雖然很棒，但一開始卻不很順遂。

人類之間的許多合作方式，依然以面對面為主。況且，大家有興趣之處不同，以維基這樣簡單的規則設計，有些過於一廂情願，沒辦法好好的把東西做好。我們看到，「維基」從1994年開始，直到2000年，都只限於那些「電腦怪才」在推廣，並沒有很成功的讓大眾開始認識、使用它。

就這樣蟄伏了七年，在2001年的這一年，維基百科一掃它的前輩「維基」的倒楣低潮，突然在網友之中產生了細菌般的「網路效應」，從此直衝雲霄！

究竟，這場「網路效應」由何而來？

有人說，這是因為維基百科乃非營利組織，引起網友熱心的經營；有人說，這是人們發揮「分享」精神一起貢獻的結果。但，網友就是網友，網友不是在做善心事業，以上這些理由，不可能造成這麼可怕的、從前都推不出來的「網路效應」。如何以極少的資源，在短短的幾年內，無論是在質、在量，都超過了行之百年集眾智慧的各大百科全書？

維基的網路效應的成功，在我看來，**全然都要感謝三件事**：

第一，是一種叫做「百科全書」的內容呈現方式。

第二，是一個叫做「Google」的搜尋引擎。

第三，是一個叫做「部落格」的東西。

維基百科啟動「網路效應」的關鍵點

維基百科之所以能夠成功啟動「網路效應」，讓它成為一個人人都可進來、門庭若市的熱鬧網站，最基本的原因，就是它特有的「百科全書」味道。所謂百科全書，就是為全世界上所有名詞做出詳細的解釋。它不但像字典可以解釋一個「字」，也可以解釋一個現象、一個人名、一個地名、一個領域、一樁事件……。維基百科什麼事都可以解釋，什麼都可以變成裡面的資料。而又由於它所形容的名詞，其實都是我們平常人可能接觸到的一些事物，世上的每個人不分貧富貴賤、不分職業、不分所長，都有一些職場上、專業上、生活上的「智慧」可以貢獻，維基百科創造了這麼一個**「無論什麼怪詞怪字，都可以貢獻」**的平台，很容易就誘發眾人，上去貢獻智慧。

接下來，每個人都知道，這個平台「大家都在看」，所以，我們都會想上去糾正大家的意見，希望我們心中的那個「正確」被呈現出來。譬如，對於線上遊戲「Second Life」有抱怨的網友，就會跑到維基百科的「Second Life」的文章，在後面補上一段看法；但，對於「Second Life」遊戲某個新模組想廣告的，也會把它們寫上去。也就是說，針對任何一個已經在維基百科的單字，可以寫的東西，實在太多、太多了！

在這些網友之中，有一群又是特別熱中在「勘誤」、

「糾誤」的網友，他們形成了維基百科最重要的「志工」。這些網友就好像糾察隊員，會一直仔細關注著維基百科的新字義。同時，他們也會把新玩意兒寫上去，整天皆在維基百科中流連忘返。這一群人很有可能沒有任何研究所學位，甚至可能不到30歲，但他們很熱忱的去做好這些事，這些事也就真的可以做得很好。而且「勘誤」這種事，為網友帶來極大的成就感，愈做愈上癮，偶爾碰到反對的聲音，更是在裡面打得難分難解，愈打愈陷入維基百科的世界裡。

仔細想想，在上述這些氛圍之下，維基百科的每一篇文章，其實都是在充分發揮著「互相拉抬」的效果。也就是說，一篇文章可以引來另一篇文章，糾正一篇文章也會跟著引來另一篇文章被糾正，這樣「你拉我，我拉你」，讓維基百科的內容愈來愈豐富，文章愈來愈多。

上述的維基百科內容由網友主動形成的「四步驟」，大約可以歸納如下：

第一步：當一個領域完全沒有文章時，或許一個身在其中的創業家、專家，或粉絲，會自動把一個新的名稱（公司名、地名、現象、新字）放到維基百科上面，變成維基百科的第一筆資料。

第二步：當網友們在維基百科上面試著解釋這個新名詞時，習慣性的會在字裡行間置入大量的「超連結」，一一延伸出去。一開始這些超連結皆是「空」的，指向一個不存在的維基百科的文章，稱為「stub」，但當這些「stub」被大家看到，也順便提醒大家去為它填入新的內容。維基百科的資

料筆數再次增加。

　　第三步：這時候，有些人會發現內容中「平行」的地方，開始想統合這些東一個西一個的東西，列出一張「一覽表」。這時候，所有平行的內容都會被列上去，並且附上超連結，當然，大部分都是空的。其他網友看到這個「清單」，一方面會幫忙為這個「清單」增設新的項目，另一方面，這些新的項目也再次提醒了其他使用者，去為它們個別製作新的首頁。

　　第四步：在每個新首頁中，都會有「正面」與「反對」意見者，分別都在維基百科中查到這筆資料，並在上面繼續討論這些資料的正確性，並補上自己的看法。維基百科很注重「引用」，因此所有數字都要有引用出處才可被眾人永久接受；維基百科也針對所有的爭議文章舉行公平的裁決過程，使得它的內容在眾人的共同監製下日益進步。

　　於是，維基百科造成了一個奇特的現象，那就是「一篇文章可以帶來另一篇文章」，一個熱心的糾誤網友帶來另一位更熱心的糾誤網友，一場熱鬧的辯論可能引發另一場更熱鬧的辯論，於是，維基百科的內容就如雨後春筍，馬上長得滿山遍野，**成功發起了一場標準的「網路效應」！**

螞蟻雄兵的部落格力量

　　當維基百科達到一定的程度時，它靠的是這個「全世界最大的百科全書」的金字招牌，很多人因為聽過「維基百

科」，而懂得輸入網址來到「wikipedia.org」這邊找知識、學道理。不過，假如維基百科就只做到上述程度就結束的話，今天，它或許可以成為全球排名前100名，但絕不可能打敗其他的大站如CNN等，成為全球第10大網站。

也就是說，上述維基百科所啟動的「網路效應」故事，其實只講了「前半段」而已。**更厲害的，還在後面！**

今天維基百科能夠成為全球排名第10大的網站，仰賴的正是另一種更技高一籌的「網路效應」。前面這一段講了三分之一，只提到「三大功臣」的第一個，也就是它是百科全書的這個事實，而後面兩個大功臣，才是維基百科真正屬害的地方。這兩個大功臣，**就是「搜尋引擎」和「部落格」。**

先來談談部落格。

所謂部落格，就是網友自己寫的「網誌」（blog）。各位若自己寫過部落格或讀過別人的部落格，應該會發現，部落格的寫作中往往有個不成文的規定，那就是自己寫東西若有什麼引用的地方（或特殊的名詞），為了讀者著想，這個部落格的作者（或稱「部落客」、blogger）往往會自動**把引用的那個字設成「超連結」。**

要了解這個現象，最好來做個舉例。

今天，我可能想在自己的部落格中寫出以下這句話：

11月22日真是黑暗的一天，約翰甘迺迪在德州被李奧斯華德拿著零點五米口徑的手槍給刺殺了，留下賈桂林甘迺迪與一雙子女凱洛琳與小約翰。

　　真是令人感傷的一段歷史，對於40歲以上的人士，雖然我們不是美國人，但這段歷史應該還有一些印象，馬上就可以在腦海中跳出那個畫面。不過，對於40歲以下的部落格讀者（這塊讀者還真的佔大多數），我們不能期待他們曾親身經歷這段歷史，也不能貿然假設這些年輕的讀者可以藉由讀了這幾句短短的話就了解「約翰甘迺迪」遇刺事件的全部原委。

　　所以，同樣的一句話，假如我是寫在書本上，可能就是這麼平淡的一句話，但是在部落格的世界裡，寫作者常常喜歡將一段文字設定成「超連結」。這樣一來，讀者除了讀我的文章，還可以伺機點進去，再多參考參考其他相關文章。

　　因此，這一段文字，部落客通常可能會這樣寫：

　　11月22日真是黑暗的一天，<u>約翰甘迺迪</u>在德州被李奧斯華德拿著零點五米口徑的手槍給刺殺了，留下賈桂林甘迺迪與一雙子女凱洛琳與小約翰。

　　那個底線，就是超連結，一點進去，就會到某個網站，好好介紹「約翰甘迺迪」一番。

　　如果是比較勤勞一點的部落客，甚至還會這樣寫：

　　11月22日真是黑暗的一天，<u>約翰甘迺迪</u>在<u>德州</u>被<u>李奧斯華德</u>拿著零點五米口徑的手槍給刺殺了，留下<u>賈桂林甘迺迪</u>

與一雙子女<u>凱洛琳</u>與<u>小約翰</u>。

一句話含有一大堆超連結，雖然讓人看得有點眼花撩亂，不過提供好幾個其他可以讓讀者延伸閱讀的新網站，感覺上內容會更加豐富！

問題就是，這些超連接，應該連到哪個網站，才能對上述這些名詞，做出最詳細的解釋？

這個問題真有趣。

如果你是部落客，你會連到哪裡？

比如那個「約翰甘迺迪」的超連結好了，當然，我們可以把它連到白宮首頁歷任總統簡介的約翰甘迺迪那頁，還不錯吧！但怕的是，白宮恐怕都是在歌功頌德，語氣平板，乏味得很！或，我們也可以把它連到CNN最近的某則「約翰甘迺迪的後人各自活在不同的世界裡」的最新報導，但事隔這麼多年，這篇報導已經和約翰甘迺迪本人沒太大關係。

還有哪個網站可以給你連？

沒錯，正是「維基百科」。

維基百科上面關於「約翰甘迺迪」的資料十分詳盡：從出生到去世，從文字到相片，還有詳述他的一些爭議，何時是他生命中的關鍵點……，如果全世界想找一個網站幫助你的讀者更了解「約翰甘迺迪」，簡直非「維基百科」莫屬！

於是，部落客們，很自然的，紛紛把自己字裡行間的超連結都引到維基百科！依公開資料顯示，維基百科**目前已經吸引了全球12,000個部落格的引用！**

一舉擊中Google的胃口

你會問：「引用」有什麼用？

「引用」，正是Google、Yahoo!這類搜尋引擎排行的依歸！維基百科至今獲得的這麼多個引用，是多少網路界人士所垂涎三尺的，因為它幫助了「維基百科」這個網站，在Google等搜尋引擎的「排名」永遠名列前茅。

在搜尋引擎名列前茅，真的是很重要的事情嗎？是的。在從前沒有搜尋引擎的時代，我們得很麻煩的在腦中直接想想，OK，要去哪個網站？比如我們想買書，就會敲入Amazon.com。我們想看新聞，就會敲入Yahoo.com。但現在大家發現，一般使用者的使用習慣已有不同，現在，大家都是以「搜尋引擎」為進入網路以後的第一站。尤其是Google，速度如此之快，所以有許多人將Google設為個人的首頁，才剛打開IE瀏覽器就會看到Google頁面跳出來。他想在網路上做什麼事，不必再思考要去哪個網站，只要一股腦兒的將想找的東西鍵入Google……。

比如說，我們想查看「墨爾本」的天氣好了，直接想到的不再是「哪個網站有提供天氣預測資料」，而是直接在Google上寫入「墨爾本，澳洲」，然後Google搜尋到的第一筆資料很有可能就是某個關於當地天氣與最新新聞的網站，點進去，馬上就可以看到「墨爾本，澳洲」的今、明、後天的天氣狀況。現在我們想找Yahoo!的最新股價，不必想想

「哪個網站提供最新股價？」，只要輸入「YHOO」（也就是Yahoo!的股票代碼），跳出來的第一筆結果很有可能就是看股票的網站，點進去就馬上可以看到Yahoo!的當日線圖！

　　搜尋引擎就是未來絕對的入口，現在我們要進入網際網路的世界遨遊，通常要經過搜尋引擎，就如同進入一個國家一定要先經過它的海關是一樣的意思。既然有這麼多人仰賴Google的搜尋引擎「找東西」，那Google所叫出來的資料，絕對不能馬虎，一定要好好排列，從最適切的資料，一路排到最不適切的資料。Google之所以會有今天的成就，一方面是它的效率，另一方面也是它總是能將資料排得這麼恰當，整個網路最關鍵的資料，往往都在第1頁的這前10個網站了。

　　Google要決定一筆資料是否排在前面，使用的所謂的「排序法」（Ranking Algorithm），主要是以PageRank、HillTop等演算法。當然裡面是非常的複雜，但基本來看，這個演算法最重要的計算方式，就是比較網站之間被「引用」的次數。因為他們認為，一個網頁被「引用」的次數愈多，就愈有公信力（才會被引用）；然後，被一個排名高的網站引用，所「加」的分數，又比被一個排名普普通通不怎麼高的網站，還要多一點。

　　換句話說，只要你的網站能夠多被「引用」，很有可能就可以掙得較高的搜尋引擎排名！掙得較高的搜尋引擎排名，就可以讓網友在搜尋的時候，很容易搜到你的網站。

　　這該是多麼棒的商機啊！所有有心想要「搞」網路效應的企業主與個人，都應該好好研究研究；這一部分的研究被

統稱為「SEO」（Search Engine Optimization），中文稱作「搜尋引擎最佳化」。

「SEO」教我們，要讓搜尋引擎查到，第一個是Index的數量。這是讓Google搜尋引擎找到你的網站，並且將你網站內的內容都存起來，以便日後搜尋之用，這已經是目前所有的部落格常常在做的事情。但還有另外一點，就是讓這些被查到的字可以打敗其他網站，排在Google的前幾行，由於Google的排序實在太誘人了，一般想買排序的還得自己買AdWords，讓自己廣告出現在Google首頁旁邊。不然，現在坊間也有一些所謂「SEO顧問服務」，但常常強調用各種手法在短期間得到效果，很少將網站的點子，從一開始就設計成讓每個人都可以「引用」。

這就是維基百科很難能可貴的地方了。維基百科，**天生就是一個讓部落客及個人網站站主很喜歡「引用」的網站**，這一招，讓維基百科的「SEO」不必勉強，很自然的就可以做得非常好。今天，各位可以發現，在Google上無論查任何東西，無論是搜尋「YouTube」、搜尋「喬治布希」、搜尋「比爾蓋茲」、搜尋「Web 2.0」、搜尋「Digg」、搜尋「台灣」、搜尋「尼可拉斯凱吉」，還是搜尋「佛羅里達」，維基百科竟永遠都在**排序結果的前3名！**

就靠這個簡單的「SEO策略」，為維基百科這個網站吸引了非常多的拜訪人潮，也將它拱上美國前10大網站。

神祕的「維基家族」大解密

儘管維基百科已經如此成功，但以上這一串關於它成功原因的「網路效應」，無論是海內外，皆很少有書籍提到，或真正深入去了解維基百科的「網路效應」，想辦法在自己的網站再複製一次。大家對維基百科的興趣，似乎仍停留在「讚嘆」它是一個眾人合作的結晶，「讚嘆」它的資料已經超越大英百科，「讚嘆」這個、「讚嘆」那個。我甚至覺得，連維基百科的軸心也都無意研究或複製、或不知如何複製這麼一個大成功。

這點真是可惜！如果可以將維基百科背後炒出「網路效應」這招學起來，就算您的事業和網路一點關係也沒有，也可以利用這招「網路效應」，在全世界快速的聚集大量的注意力，而且不必投資多少錢，**就可以將自己的網站拱成全世界最熱鬧的地方！**

事實上，除了維基百科外，目前還有許多其他運用維基觀念的網站，包括WikiTravel、WikiNews，WikiQuote、WikiBook、WikiSource、WikiHow、Wiktionary、WikiTimeScale，網友可以共同製作、共同分享更多除了百科文章以外的其他類型的內容物。另外，還有特殊針對某議題而開發的如WoWWiki（遊戲）、MusicBrainz（音樂）、Evangelism Encyclopedia（宗教）、Wookieepedia（電影）等等，總和起來，可能有一百家以上，很多都是和維基百科一樣是WikiMedia啟動的姐妹專案。目前，維基百科仍然是至今

所有「維基家族」中最大的，而且幾乎可說是「唯一成功」的。

從這點觀察，我們可以和剛剛提過的維基百科成功史背後的脈絡與原因，做一個呼應。這幾年來，維基家族的其他成員成長都受限，無法長到多大；而它們努力改版、努力調整，主要的方向卻還是都朝向「分享」這一塊。他們一直覺得，自己不夠好，是因為沒有吸引人來分享，所以直接以功能面或成就感面來吸引更多人前來。方向的錯誤，以至於讓這群「維基家族」，至今仍沒有打出「網路效應」。

而維基百科的創辦人之一Jimmy Wales，後來於2004年另外成立Wikia公司，和許多公司一起提供一般企業組織自己的維基系統。在員工只有32人的情況下，將重點放在企業組織的方式來推廣Wikia服務。沒錯，這樣確實就比較沒有「不能賺錢」的問題，但在我看來，**卻因而沒抓準維基百科最厲害的地方**。維基百科的「網路效應」還有很多機會、還有許多變種可以思考，原創者卻不再挖掘這一塊，這一點也是令人百思不解的。

「分享」，不一定會為你帶來群眾

關於「分享」（share）的迷思，並不是只有發生在維基百科身上。分享並非一定會造成「網路效應」，網路效應也不一定只有「分享」才能做出來。「分享」根本不是「網路效應」的最重點，「網路效應」才是我們的目標，是我們最

希望造出的效果，這點，是所有想經營網路事業或想藉網路快速聚眾的人士，**一定要謹記在心之事！**

「分享」的迷思，實際的數字可以輕易證明。據知名流量調查公司HitWise於2007年初提出最新數據顯示，維基百科這個網站，大約只有4.6%的使用者有過分享。也就是說，100名維基百科使用者之中只有不到5位真的貢獻了內容。

4.6%！真是很低的比率。問問周圍的朋友，你改過維基百科了嗎？沒有。我呢？也沒有。

有個數字，我稱為「在旁分享：在旁觀賞」比，Sharing-to-Watching Ratio，SWR。這個「SWR」的中文暫且就先譯成「供賞比」好了，也就是在一個網站實際分享東西出去的總人數（或次數、金額），除以來訪觀賞的總人數（或次數、金額），所算出來的比例。

大部分的Web 2.0專家都在「檢討」要怎麼提高SWR，一直以來也都以「提高SWR」為目標，一旦SWR很高，就表示在同一個族群中，有很多人都不只是「讀者」，也是「作者」，因此「S」值很高，也因此整個SWR都很高。但，我曾經於2007年初在網路上提出一個革命性的大建議──

或許，我們應該反過來，**以「降低SWR」為主要目標！**

怎麼說呢？以維基百科的成功案例來看，我們可以安心且確定的說，這些網站，「賞」（W）的部分已經非常成功，吸引了大量的忠實觀眾。它的流量組成，可說是非常健康。這類型的網站也是二代網路最美麗的一族，因為在三年前，可能只有「媒體公司」（media company）可以把內容玩

成這樣，從前的網站創業家通常只有在旁邊磨刀做工具、賣工具的分兒，但現在，平民創業家個個都可借力使力，靠引誘群眾無私分享，自製出一個內容網站。

這時候，我們思考一個問題：既然「賞」已經確定這麼成功，那「供」（S）的那部分，到底是高一點好，還是低一點好？

我們應該先自問這個問題：**「既然靠3個人的分享就可以帶來同樣大的流量，為何要多費功夫找來300人？」**

如果「供」可以不必這麼多，就可以製造出同樣多的「賞」，那我們讓SWR低一點又有何不好？「供」高一點，號召更多志願人士分享，每個單一分享者而言的服務相對少，網站可以加值服務的表現機會不多，對於新進的創業家而言也意味著不易打敗市場現有的大對手（你要怎麼說服這麼多上載者不要用維基百科，從今起改用你的網站？）。如果「供」的這塊人數可以儘量少，可以壓低，可以專注在較小撮人群身上經營的話，對於新進創業家來說，不外是一個很有意思的競爭策略。也就是說，壓低SWR，應該可以帶來另一片更晴朗的天空！

原來，只要有一點人看，就足夠弄出不錯的東西了。這對企業來講，也是最美好的事情。我們要策動所有人依然不易，但，只要策動一點點人，其實就夠了！只要策動一點點人，不用太多，只要多到一個程度，剛剛好可以吸引一大堆觀眾衝破門進來熱鬧的參觀、流訪，這樣就夠了！

比如，最近就有一個新開的影音分享網站叫「風箏電視

台」（Kyte.tv），強調每個分享影片的網友不是在分享「單
一影片」，而是自己擁有自己的頻道。這樣的網站讓人有點
擔心它的前途，因為目前做類似YouTube的影片分享公司高
達300家以上，哪家沒有個人化頻道？YouTube自己也有，怎
麼可能打敗這些大站？

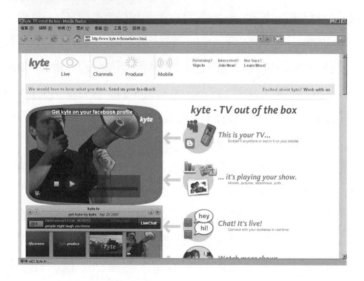

　　Kyte.tv的特色就在這邊了。它顯然刻意忽略、捨棄那些
愛上傳不上傳的輕度分享者，將它的服務重點全部押在這些
想自設頻道、「超級愛秀」的重度分享者身上，提供他們更
多分享的技術，讓他們隨時可以用手機來攝影或照相，直接
E-mail給主機便可即時播放到自己的頻道中，讓每個人都可
以擁有自己的頻道。這個創意，比起高畫質電視節目的Joost
和以CPC影片廣告讓內容製作人可以拆帳的Revver，顯然都
更技高一籌！

　　Kyte策略最關鍵的厲害處，在於它看準了一個現象：影片是最容易「坐著慢慢觀賞」的東西，一般人一看就要三分鐘，再有時間的網友，平均一天看個30支片子就很多了，所以它一天其實只要做出30支超棒的片子就好，不必一天做3萬支普普通通的影片再從中找出30支較棒的。Kyte.tv雖然刻意減少分享者，但理論上來說它的觀賞者不但不會變少，或許還會更多；也就是說，它一開始就朝著「創造比YouTube還低的SWR」發展，最後的結果說不定反而會創造超過YouTube的流量（當然這是假設長尾內容主力並非由各自族群自行觀賞自己內容的假設前提下）。由此例的分析可看到，「壓低SWR」這招還挺令人期待的！

　　繼續深入探究SWR的後花園，這一切會愈來愈清楚。既然這些帶有「媒體公司」味道的Web 2.0內容分享網站，可以做的事情如此千變萬化、收入來源更豐盛、爆紅的機會也更多，在全球的Web 2.0金頭腦都在忙著想辦法提高SWR的此時，我們不妨走反方向另闢藍海，想辦法「技術性」的來降低這個「SWR」。降低的方式，就是想辦法做出一個新網站，只要小貓兩、三隻的重度分享者，整天黏在上面，讓這些重度分享者分享的東西就像其他分享網站一樣好（甚至更好），造就同樣人的觀賞流量（甚至更大的觀賞流量）。為這個網站找到一個新穎題材（focus）只是其中一招，更有趣的是發明某種新的「內容物」，分享起來，比影片還厲害，讓它發揮「網路效應」，這才不會枉費了維基百科所教我們的這一堂「網路效應」課。

Google

如何靠一招廣告自創
1,000億市值？

chapter **2**

　　大家都知道，Google是一家很成功的網路公司，也是一家非常賺錢的公司，在那斯達克交易股價高達4、5百美元，投資人給它的市值已經超過1,500億美元。投資人往往看的是一家公司的獲利能力，倘若Google只是一個搜尋引擎，沒理由這麼受投資人一面倒的喜愛。今天Google受投資人青睞的原因很簡單：Google目前的季營收之龐大，比台灣最自豪的台積電還多了2億，而這龐大的營收是在短短兩年內就成長到今天的程度，而且還在成長中！

　　我們來看看Google的營收來源，可以發現到網路公司的基本特性。第一，它的成本低得驚人；第二，它的營收來源非常分散、且全球化；第三，營收模式非常創新，以至於只要靠一招，就可以達到這麼大總額。基本上Google的營收來源只有一種：「新一代網路廣告」。

　　在這個「新一代網路廣告」的大項之下只分為兩種廣告：第一種，是在Google首頁播放的搜尋引擎的「關鍵字廣告」；第二種，是在其他人網頁播放的內容廣告「Google AdSense」。

　　關於Google如何賺這麼多錢，已經有很多人在分析、在研究，但很少人以「網路效應」來看這件事。事實上，若深入去探析Google所開創出的這套「新一代網路廣告」，我們會驚訝的發覺，它是建築在一招一傳十、十傳百的「網路效應」之上，而且設計得非常巧妙！

一個從沒想到的營收模式

搜尋引擎關鍵字廣告開始之前，各網站都在專注研究著另一種更成熟、更穩當的傳統的網路廣告，也就是所謂的「顯示型廣告」（display ad，或常稱banner ad）。這樣的廣告就是像機場、公路旁的大廣告，擺在網站中，求求使用者看它一眼，在腦海中留下印象。2000年，網路上有47%都是展示型的廣告，而當時根據搜尋結果顯示的「Google型」廣告則少得可憐，還不到2%。

當時的Google儘管手上已經有一大堆創投資金，短期內不缺錢，但它希望能變成一個永續經營的企業，因此不斷的思考，除了幫企業或大站做搜尋外，還有什麼新的營利模式。這時候，Google內部提出做「關鍵字廣告」的企劃，據說當時Google內部的決策者還不是很確定要不要推出這樣的新廣告法，很怕它一出來擾亂了搜尋引擎的使用者，也很怕它又是Google Labs的另一個失敗之作。後來，Google大概要慶幸當年做對了決定——開始推行關鍵字廣告。關鍵字廣告讓它突然轉變成一家獲利可觀的公司，可以於三年後上市。今天，當初的傳統展示型廣告本身成長到55億美元產值，表現不錯，但搜尋型的廣告更猛，另闢一條「彩虹」，已成長到82億美元產值，超過了傳統展示型廣告！

我們若將Google與另一網路巨頭Yahoo!的2006年第三季財報比一比，更可以看出「關鍵字廣告」這個新創模式的厲害。兩家公司在當季總營收分別是26.9億與15.8億美元，

Google贏了幾乎整整一倍。這是結果，那過程呢？我們看到
Yahoo!的營收來源相當健康，相當分散，不但有各式各樣的
廣告，其中還有20%是來自Premium Services，這是它們經
年累月（十年）累積下來的賺錢實力，如果只看廣告的話，
Yahoo!第三季總共靠各式各樣的廣告賺了13億美元營收，這
部分應該已為Yahoo!製造了不可撼動的優勢，但，誰又會想
到，Google開發了上述兩個新廣告招數，而單單靠AdWords
就為第三季帶來了16億美元，比Yahoo!發展已久的各種廣告
方式還多賺了3億美元；然後它的AdSense又為它多賺了10億
美元營收，徹底把Yahoo!打得灰頭土臉！

　　Google廣告營收的崛起，尤其是AdSense這一塊，簡直
為「網路效應」做了一個相當有趣的示範。而且就和典型的
「網路效應」一樣，之前沒有太多人相信會這麼容易的可以

一傳十、十傳百，但事後回頭來看，卻驚嘆這產品設計之巧妙。

Google AdSense的「雙長尾理論」

Google抓到的，**其實就是一個「想賺錢」的商機**，這個世界不是只有超大型百貨公司或10億市值的大企業想賺錢，一般人民也想賺錢！不是只有超商、電視節目、雜誌想買廣告版面，一般人民也想賣廣告版面！因為「想賺錢」的力量，人人都有潛力可以變成廣告主，也有潛力變成廣告的搭載者！

我們常說，國內中小企業佔全部企業的70%以上，這樣算是「很多」了，那我們如果更進一步的問，所有的網站中，有多大的比例是「中小企業」？我看至少佔了95%以上。「中小網站」實在太多太多了。這些單位，單一來看可能沒什麼了不起，但，它們加起來的流量，可能變得很有看頭！它們加起來的力量，可能好幾家大企業相加都比不上！

談到這裡一定要提到所謂的「長尾理論」（The Long Tail）。此理論是由Chris Anderson於數年前提出，重點是要強調「小眾市場可以拼湊成大眾市場」，經營者可以推翻從前的「80／20理論」，不一定要把80%力氣全部花在20%的明星產品身上，也可以藉由有效率的集合剩下許許多多種類的80%冷門產品，將它們組合成龐大的營收。此理論可運用在很多面向，可以整合在地（localized）小實體商店與大店

競爭，可以整合小眾商品與大眾商家競爭，可以用它搗入任何看起來已經堅不可摧的密實產業。

Google抓準的商機是，有一群「中小網站」想在網路上推銷自己，卻不知去哪裡買廣告，而另一群「中小網站」則很想幫忙播放廣告順便賺錢，卻不知去哪裡找這樣的廣告合作案。像CNN這種超大型的網站，就只有這麼幾個，而版面也就這麼幾個，所以廣告很貴；但，網友平常不是只有看CNN.com！每個人平常一定都會逛到一、兩個「自己朋友」或「當地商店」或「自己學校」或「當地社團」的小小網站，這些小小網站上面如果可以擺一些小小廣告，對所有的「中小網站」都有好處。全世界所有各式各樣的中小網站中，有人想賺錢，有人願付錢，Google在中間當一個「仲介者」（broker），就可以促成很多筆網路廣告，自己也賺了不少「仲介費」在口袋裡。Google可以整合賣廣告的中小網站的「長尾」，以及想買廣告的中小網站的「長尾」，將這兩段長尾撮合一下。

不過，這個「雙長尾」可沒有這麼好收集。長尾理論的最大問題在於，雖然它可以整合，但卻不像傳統的行銷方法容易掌控；它雖然加起來比80／20還大，但它們不像80／20的80可以集中去指示（甚至照著每個大客戶量身訂做）。長尾為符合大眾的需求，所以得仰賴「自動化」，來誘發一個火苗，然後希望能引起某種「網路效應」，一傳十、十傳百的，讓人人都開始買廣告也放廣告。但，一開始，兩邊的人數都不夠，如何自動化？又如何開啟「網路效應」？

Google廣告成功關鍵點：「找到人付錢」

Google新創廣告系統的「網路效應」第一步，就是先找來願意付錢的廣告主，有了廣告主，才有接下來的一切可能。說到找廣告主，Google本身由於是搜尋引擎，可說佔了天時、地利、人和。

我們來看看搜尋引擎為何佔了天時地利人和。無論何時，都有人上網到Google的小框框填入他們想搜尋的字串，然後睜著期待的眼神，小心翼翼的閱讀Google回覆的十條搜尋結果。也就是說，網友們在觀看Google的這一頁「搜尋結果」頁面，和他們看其他網頁的心理狀況很不相同，因為這時候，使用者腦門大開、眼睛也非常專注的找尋他想找的東西，Google也順理成章的抓住了這個機會，在搜尋結果的右邊空白處，準備了一塊廣告版位，置放「關鍵字廣告」。

這些廣告不是隨意播放。Google顯示搜尋結果時，已經知道使用者想找哪個字、哪句話，因此在這時候當然會「餵」給他一些符合該關鍵字的廣告，說不定使用者點了廣告還要過來謝謝Google，給他這麼棒的資訊！也因為這樣，關鍵字廣告，顯然天生就會比原本的顯示型廣告還要有優勢，因為它出現的時機是如此的剛剛好。

而且，每個人使用搜尋引擎的目的皆不相同。以台灣Yahoo!奇摩來說，每個月會有超過1,000萬個關鍵字被搜尋5次以上，而前50大關鍵字就佔了所有搜尋瀏覽頁面的9%左

右，而接下來的第51名到第999名，也就是950個關鍵字，總共只佔所有搜尋瀏覽頁面的23%。這代表什麼意思？

這代表非常標準的「長尾理論」的表現，它有一個不大但還算清楚的「頭」，佔不超過10%，但是也有一條非常非常長的尾巴！也就是說，搜尋引擎真的是很美妙的東西，它幫助各式各樣不同的網友，找到各式各樣不同的主題。也就是說，它成功的把網友給分成好幾類，每一類「形同」都有自己的網頁（搜尋頁面）。

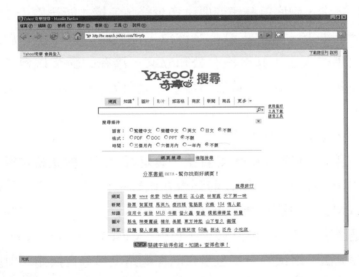

在這些頁面上面放廣告，就是非常精準的廣告了。有些主題，比如加勒比海郵輪、數位相機、蘋果電腦，都會是很熱門的字眼，這部分買廣告可能很貴。但假如是一些冷門的字眼如手織碎片機、直立式熨斗、中南美洲旅遊，不會有其他廠商來競標買廣告，當使用者真的搜尋到這類型的，就可

以很精準的播放給他看。所以，AdWords吸引了大量的非傳統廣告商，甚至一些個人經營的部落格、討論區，也透過買這類廣告來提升自己。

Google廣告網路效應的三重點

找到這些「中小網站」願意付錢，Google已經在這個「人人想賺錢」的網海之中，走出了成功的第一步。在這關鍵點之上，到底這些廠商要付多少錢？怎樣才能讓廣告主與愛錢的網友「賓主盡歡」？注意，他們兩方都不是善於商務使用的人士，甚至沒有公司立案，潛在的衝突機會多，Google如何讓這些「商業白癡」可以利用它的廣告平台來交易？

它有幾個要點：

第一，它選了CPC計費法，真是百分之百的正確之舉：雖然Google的廣告從以前到現在已經推出以看多少次計費（CPM）、實際買多少東西計費（CPA）等等，它最主要的還是使用「按一次就計費」，也就是Cost Per Click（CPC）的計算法。這樣的方式也是目前在網路上最適合民眾、對廣告主也最有意義的計費方式。也就是說，Google的廣告相當「公平」，只有當使用者真的點到你的廣告時（也就是被帶到你所指定的頁面時），才會「真正的」向你收錢。也因為採用了這種「點擊」的廣告方式，事實上許多Google的廣告客戶並沒有賣產品，也不是什麼品牌需要做形象，有的只是

一般的個人網站、或某個組織的網站，甚至是大企業底下某個單位的業績部門，希望吸引更多網友注意而設置的廣告。

第二，採用「第二名競標」規則，廣告主在受保護的情況下拉高價格：Google廣告購買的方式主要是一種叫Vickrey auction的競標法，當某一個熱門關鍵字有太多位廣告主搶著要登廣告，就只能讓這些廣告主分別提出它們願意支付的CPC廣告費，彼此之間分個勝負。這樣的競標從頭到尾都是不公開，最後由最高CPC的廣告主付費，但它所付的CPC廣告費並不是自己提出的那個數字，而是比它落後一名的那位廣告主所提出的數字再加一點點上去。這樣可以避免廣告主不了解市場狀況而自己喊得太高，造成本身權益受損；但從另一個角度來看，也讓一些衝著某些超熱門關鍵字而來的、「志在必得」的廣告主們，有可能大幅拉高該關鍵字的廣告價碼，讓Google意外賺到更高額廣告費。

第三，使用流程非常簡易化：「談廣告」在一般企業來看是一件很麻煩的事，需要專業的人員來接洽與處理，但Google AdWords卻將廣告主的流程簡單化，只需要以「文字」這個最簡單的東西來表現自己想要廣告的內容，然後為這個廣告設一個CPC每次點擊費用，以及每日預算，超過之後自動下檔。對於站在另外一邊的一般網站站主來說，Google AdSense也很容易使用，只要選一個尺寸，貼一段程式在想陳列廣告的地方，然後負責幫自己網站衝流量、自己賺錢，這樣就可以了，剩下的由Google自動引擎來幫你配到最適合你的廣告。

這樣完美的規劃，就是Google的祕方。大家都知道人人「想賺錢」，但Google靠這三個方式牢牢的、結實的賺到大家的錢。

利用人們愛賺錢的心理所產生的「網路效應」

儘管許多網站都知道，「線上賺錢」的網路點子仍然是網友最有興趣的一部分，但並不是每一個網站都能成功。不過，「賺錢」依然是最強的誘因，讓網友們願意自動啟動「網路效應」，幫你把東西宣傳出去。這些網站所產生的「網路效應」雖然頗受抨擊，但也真的有其美妙之處。

這些「讓網友賺錢」的點子，往往號稱讓網友輕鬆坐在電腦前，加入會員、推薦朋友加入、玩玩網路，支票就會寄到家裡。它們往往採用「多層次傳銷」（MLM）金字塔系統，下線愈旺，收到的錢愈多。繼之前曾經紅透半邊天AllAdvantage之後，最近也出現了新的AGLOCO，讓我們一探這類型的網站如何啟動驚人的「網路效應」。

Own the Internet
your creation, your reward

Click here to learn how to
make money online.

AGLOCO有多厲害？還沒開站，好像就已經擁有數十萬會員。拿AGLOCO這個字到Google去搜尋，可找到200萬筆結果，比NBA職籃名將Kobe Bryant還多。其他讓網友在線上賺錢的點子也很多，包括讓你看廣告就賺

錢的Clix Sense；iWon也是上網使用搜尋引擎找資料就開始賺錢，每天開出1萬美元大獎，號稱目前已付出7,000萬美元予27萬名使用者。相似網站還包括Blingo等等。

這方面的老祖宗網站AllAdvantage，當年讓網友安裝一個Toobar，每次上網，它會偵測到，便開始依照該使用者的瀏覽習性來播放精準廣告，對使用者來說，只要上網看廣告就能賺錢。但，奇怪的是，後來AA卻倒了。

倒了？一個正派的直銷系統，經過「計算、有進才有出、有營收才有抽成」的設計下，是不可能倒的。倒的原因不是AA不正派，而是它的設計模式太過大膽，以至於這個金字塔龐大且沉重，據稱AA在短短兩年內即付出1.2億美元（40億台幣）酬勞給它的1,000萬名會員，當另一端（廣告收入）受泡沫影響開始不如預期，又有其他駭客提供各種「假上網」的機器人讓廣告效果打問號，就算AA曾獲2億美元的創投資金也無法撐太久，最後便付不出鈔票、上市失敗，頹然關站。

不過，這不是我認為它做得不夠好的理由，而是它付給

單位會員的酬庸。這一套轟動網路界的新賺錢系統，單位會員到1999年底最高月收入據說只有5,500美元，到了2001年AA準備倒站前，單位會員最高月收入好像只有1萬美元不到。這點，和Google AdSense比起來，有些網站已經靠AdSense做到一天便收入1萬美元以上！AA可說是並非很成功的「讓網友賺錢」的網路服務，由此我們也可以窺見Google廣告系統與眾不同的成功術。而AA的下一代AGLOCO會不會一改它前輩的缺點，會不會再啟動另一個比Google廣告系統更強的「網路效應」？值得網際網路各界人士持續密切觀察。

Moola讓人人都可以當「超級大富翁」

另外，還有一個叫做Moola的網站，也利用網路人愛錢愛勝利的心理，召集了大量會員，它讓會員與會員之間競爭，贏者獲勝、得獎，讓會員感覺到好像很容易打敗其他會員賺到這個錢。

這個網站有點像台視由謝震武主持的「超級大富翁」線上對戰版（前者也仿自美國節目《Who Wants to be a Millionaire》），從0.01美元開始玩起，電腦自動配對你和另一會員對戰，輸了就「掰掰」，贏了就把對方的累積獎金變為己有，變成0.02美元，這樣一倍一倍的加上去。我們可以稍稍計算一下，只要贏30次，就可以拿到1,000萬美元（新台幣3億元）！但，天下沒有白吃的午餐，會員每次對戰前都得

先觀賞一段廣告影片，還會考你一個小問題看看你有沒有專心看，然後才讓你進入對戰比賽，這個網站就靠這一段廣告影片在賺錢。

目前，此站同時在線玩遊戲的人數大約是400至800人不等，我登入時看到最高的已經玩到第17關，意即如果馬上cash out可得1,310美元。目前有3個遊戲可供選擇，都是撲克牌、剪刀石頭布、蹺蹺板、比大小之類的簡單flash遊戲，可以玩個大約10分鐘，不是你淘汰對方，就是對方淘汰你。

你或許會問，真的有這麼「好康」的事？

其實若仔細研究，就會發現這種靠廣告影片獲利的商業模式非常可行，因為Moola規定累積獎金要超過10美元才能cash out，假設真的有人一夫當關，每次都全數押進去，連贏10關，這等於他自己已經看了10次廣告；假設此遊戲設計從頭到尾沒有重複的競爭者，要拱

出這麼一個10元獎金得主，得讓1,024人看過這支廣告，總共播放5,000次以上。Moola站方坐收廣告利益，卻只需支付出10美元！當然，不同的情況會有一些變化，但奇特的是，中獎機率明明如此低，站方也尚未完全對外開放，至今隨時仍有500多人在Moola站上瘋狂的、乖乖的看廣告，幫Moola賺錢。

這就是網路人想賺錢的力量，也可成為「網路效應」的極佳基礎。

這樣的網路效應，其實很像「大樂透」。樂透彩本身一直是個很奇妙的商業模式，以科學角度來看，大樂透產業簡直就是有史以來將人性愚蠢面（並無貶意）利用得最成功的一場商業交易。如果我們省略背後一些運作與法令規定，理論上來說，就算一家空殼公司也能夠自己做個賺錢的大樂透，因為所有的獎金都是民眾自願貢獻的，這筆錢最後一部分繳稅，一部分留給自己，剩下的就分給中獎的人。有趣的是，城市內其實常常上演著大大小小的樂透（lottery）活動，今天同樣一張50元的獎券，假如它的中獎機率高達5%但頭獎只有1萬元，民眾只會熱烈的投入區區數萬元參加；假如頭獎高達1億元，即使中獎機率低至0.005%，民眾仍會投入好幾億元來贊助這個夢想！

三個要點來抓住人們愛錢的心理

像Moola這些幫人賺錢的成功網站，一語概之，就是

「它用零風險的方式來幫人們構築一個看起來容易實現的超大夢想」。

這句話可以拆成三個重點，點點重要。

第一，「**超大的夢想**」：網路創業家從前常想出一些幫網友「賺小錢」的點子，譬如號稱每點進一個超連結就可以收到錢的，或是看一段影片就可以收到錢的，但事實證明網路上的使用者，根本不屑拿這些「點10次才拿1塊錢」的「小錢」，對他們而言，這種錢雖然馬上入手，卻不夠意思，不值得抬抬他們纖纖的玉手、轉轉他們尊貴的眼球。Moola其實只是「幫你賺錢」網站的變種，但不同的是，它沒馬上給小錢，而是給了一個超大的夢想，和其他網站立刻有了不同的吸引力，這和大樂透有異曲同工之妙。

第二，「**零風險**」：網站給了一個這麼大的夢想，最後一定得按約定給獲勝者一些東西，這網站最好確定能給得出來，不然恐有自掘墳墓之虞。頭獎金額愈高，跳票的機會愈大，儘管以機率來看，買的人少，頭獎發出去的機會就低，但萬一真的被某人選到了中獎號碼，這位組頭就要跑路了。要如何確定它從使用者收來的金額足以支付最後的頭獎，要如何在「超大的夢想」與「零風險」之間一兼二顧，就要看網站如何精心設計。以Moola來看，或許它在檯面下也置入一些防範措施，來防止自己被自己倒店的風險（比如說，Moola線上目前最高級對手為第17級，萬一我爬到第17關把他給幹掉了怎麼辦？Moola應該會派出電腦與我對決；電腦或許可以不必這麼公平）。Moola的「零風險」防備措施設

計得教人如此渾然不覺，是其高超之處。

第三，「**看起來很容易**」：想設計一個兼顧「零風險」與「超大夢想」的模式已經有夠難，更何況Moola還讓使用者看起來好像「很容易中獎」。只有30關，感覺上好像不難；它又仰賴比賽來決勝負，讓人覺得有機會靠技巧取勝，不必完全靠運氣。同樣的道理，大樂透透過電視轉播每一次的得獎主，我們看到，都是和自己一樣的市井小民隨意買買就中獎，加上一些風水師與星象家的推波助瀾，民眾常常相信自己會中獎。

「貪婪」乃人性的弱點，但若可以像Google AdSense這樣，在幫人賺錢之餘也讓人更努力的在網路上做出品質優良的內容服務，就是雙贏、多贏的大好結果了。因此，從這個角度來看，以「幫網友賺錢」為名來策動一連串「網路效應」，很值得商務人士多多思考。

百萬網站

如何在一年內化垃圾為
100萬美元？

chapter **3**

　　2006年，我在網路上提出一個新字：**「善搞」**，這個字沒有英文翻譯，完全是來自日文翻中文的「惡搞」（kuso）一詞。網路上向來一直有些「亂玩樂」的奇怪創意，以「惡搞」形容相當傳神。這些「惡搞」，通常是指年輕人亂修改圖、在路邊做些不雅的事，以這些荒腔走板、不正經的動作來搏君一笑，讓自己出名。但這些名聲通常極為虛浮，並未為其他人帶來價值，而且並不持久，整個「惡搞」系統根本只稱得上一場短暫的胡鬧劇。

　　但，惡搞的善良版──「善搞」，就不一樣了！

　　「善搞」的始祖出現在兩年前，2005年，網路界突然出現一個奇怪的網站，發起人叫做艾利克斯‧特悟（Alex Tew），住在英國，當時才21歲，很窮，沒錢念大學，遂突發奇想，找到一個超有創意的點子，也就是在網路上開了一個叫做「百萬網頁」（milliondollarhomepage.com）的奇怪網站來「募資」。

　　怎麼募呢？他破天荒的「賣格子」。所謂的格子，就是網頁上一顆一顆的小畫素，特悟在他網站的首頁框出一塊大區域，裡面一共是1,000個畫素寬、1,000個畫素高，乘起來剛剛好是100萬顆畫素，特悟說，每顆畫素要賣1美元，只要你願花這個錢買下一顆畫素，買家可以決定那顆畫素要長什麼樣子、畫什麼顏色，而且那個格子會自動變成「超連結」，網友用滑鼠一點，就會被帶到買家指定的網站。

　　一顆畫素1美元，一共有100萬顆畫素，因此，假如整個網頁的格子全都賣掉了，特悟就可以得到100萬美元，馬上成

為「百萬富翁」（millionaire）。由於一顆畫素實在太小，因此必須至少買個10×10的格子才可以，因此買家至少要買100顆畫素，也就是100美元。當然買家也可以順便多買幾個旁邊的畫素，組成一個大一點的格子，可以在上面畫的東西比較清楚一點。特悟完全沒有限制要畫什麼，你可以畫你公司的商標，貼一張自己的相片，或是寫一個數字皆可。

原先，特悟抱著好玩的心態姑且一試，反正，做這麼一個只有一面的網頁（而且一開始空空如也）真是輕而易舉，而申請一個域名也不必花多少錢。

史上最成功的善搞運動

沒想到，這一試，試出了網路史上最成功的「善搞」運動！

「百萬網頁」於2005年8月26日開站，在短短二天後，特悟就賣掉了一個20×20的大格子，淨賺400美元（13,000元台幣）。兩週後，他的格子繼續熱賣，此時，他其實已經賺夠了錢，來付他一年的大學學費了！這一切實在來得太快，特悟的點子馬上吸引了一些部落客來報導，接下來，英國當地主流報紙如《Daily Telegraph》、《The Guardian》、《The Sun》也聞風而來，紛紛報導。才短短一個月之後，特悟宣布，他竟然已經入帳了15萬美元（台幣500萬元），已經足夠他來回念十趟大學了！

這時候，這個網站已經不只是英國的當地新聞，它竟然

開始掀起全球一連串的注意，在幾乎沒有任何廣告預算的情況下，**「百萬網頁」的宣傳力竟比廣告還厲害**，被網路上面的人一傳十、十傳百，傳到美國主流媒體的辦公室，被主流媒體輪番播報了一次，又再傳到其他國家的媒體。兩個月後，原本應該要籌錢上學的特悟，由於疲於應付媒體，只好先休學，每天撥空接受來自各國的媒體採訪。

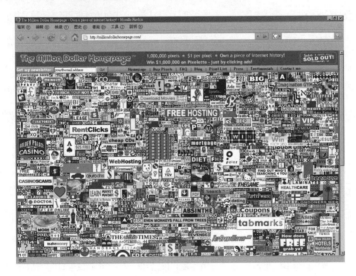

　　近期，如果到「百萬網頁」去看，還會看到右上角一個大大的字：「Sold Out！」它，真的成功的募到了100萬元了！據說這個百萬網頁「一格難求」，已經賣得超過，一共收到104萬左右。而，從0到100萬的這段期間，才短短的一年又五個月。一年又五個月，在零廣告預算下，特悟靠網路的力量以及正統的方式，把自己變成百萬富翁，他是怎麼做到的？

簡單的「網路效應」爆紅三階段

　　像百萬網頁這種「善搞」類的網站，基本上，就是掌握著「玩樂」原則的祕訣。**網路是一個「玩樂」的地方。**早在1995年人們初次碰到網路，就發現網路可以把身分（identity）完全隱匿，讓他們可以放心的在電腦螢幕前展現自己最放鬆的一面，十餘年下來，我們從網路上的各大聊天室、討論區，可發現裡面的對話常常以「幽默」為主軸，而且，通常已經發展了五年以上的聊天室，肯定會出現一些自創的幽默文字。「好玩」早就成為網友們在網路上的主流文化。

　　目前已經有夠多的網站提供死板板、硬邦邦的資訊，網路既然是一個玩樂的地方，就需要更多輕鬆、有趣的網站，拿來娛樂娛樂網友們。最有趣的娛樂，就是以好玩的東西、酷的東西、「新」的東西，像「百萬網頁」這樣的善搞，都是以「新」來取勝。它們先讓自己成為一個很新的東西，只要夠新、夠酷、夠炫、夠好玩，人人自然會在網路上爭相傳誦，讓這個網站成為網路「好玩族」相互聊天的最大主題。

　　除了「新」以外，百萬網頁的「網路效應」還巧妙的運用人的心理，發揮一種「預期購物」的現象。它完全靠一個點子取勝，而且這點子並不是讓使用者享受，而是完全圍繞在創辦者自己的意識上。它幾乎是在說：「我就是想做這東西，你們來響應吧。」因為「感覺對了」，所以「點石成

金」。

　你會說，像這種「喊水結凍水就結凍」的好事，怎麼可能說發生就發生？

　但在網路上，就是有可能。

　看看百萬網頁的「點石成金」過程，可大略分為三個階段：

　第一期，吸引前1千位使用者：網路界向來有個挑戰，我將它稱之為「First 1000」，也就是「最初1,000位會員怎麼來？」的千古難題。

　對一個新創立的網站來說，一開始沒有半個會員，最初「一千位會員」（First 1000）還真是最困難的挑戰。因為這個網站一開始什麼也沒有，因此該如何吸引新網友加入這個空盪盪的網站，並且要他們耐心等候直到網站變熱鬧的那一天？就算因好奇而加入，接下來填比如自己的生日、職業等等，都教人非常的不情願，更別說是要「供」出自己的朋友名單！「First 1000」的問題在任何創新產業都是令經營者頭痛的一大難題，一般的企業在推出一個新產品之前，往往要靠各種行銷手法，營造出一個「已有規模」、「已有很多人試用過」的形象，來吸引最初期的那一批使用者。但這些招術常常被使用者「識破」，想吸收初期的1,000名會員，真的非常辛苦。

　由於「First 1000」是網站爆紅前最困難的關卡，因此許多「善搞」網站，儘管創意再夠，最後也乏人問津，只能黯然關站。假如無法成功的在初期打開知名度，讓自己被至少

1,000名使用者給注意到——沒有這1,000位，就無法在網路上發出聲音。「百萬網站」如何取得「First 1000」？

當一個陌生網友進來「百萬網站」，這個網站所給他的「第一眼印象」就和其他網站很不一樣。百萬網站掌握了一點當年還不怎麼流行的特色，在當時，大家大多只是製作層層疊疊的複雜網站，一個網站總是有很多頁面，「首頁」（也就是第一頁）只是所有頁面的門面。當年，沒有一個網站像百萬網頁這樣大聲的說：「我就只有一頁，全部都放在第一頁。」這點，讓百萬網站一開站就受人注目。

接下來，百萬網站在這一小小的頁面上面，號稱要賣出其中有限的一萬個畫素。賣廣告版面我們都有聽過，但以「畫素」來賣，真的非常新奇。大家知道，這樣的賣法是有道理的，因為一個首頁還真的就只有這麼多格子，在極度「限量」的情況下，所以這個格子還真的有它的價值在，真的讓人有點想「搶購」。而且，格子是先買先贏，先買就可以先佔位子！這感覺抓得很好，所以，馬上就有一些早期使用者，尤其是那些電腦網路的狂熱者，覺得這是一個很酷的點子，馬上就當了特悟的第一位客戶，並幫他大肆宣傳。

你會問，這個百萬網頁在當時又沒什麼人在看，這些人買這些格子要給誰看？這，就是歐美人士特有的心態了。他們覺得，這種「給自己一些故事」是很酷的事，是值得去追求的人生精神。歐美人士喜歡去做一些與眾不同之事，以後可以拿來跟他的同儕、家人、後代炫耀。

當然，或許有些人還真的看準了百萬網頁遲早會爆紅，

看到這些格子確實能為他們帶來廣告效益，因此紛紛買下初期的幾個格子。

第二期，網路效應爆發：這段時間，是流量、拜訪人次衝得最快的時期，這時候「百萬網頁」已有了初步的名氣，大家開始看到，這個酷網站還真的是與眾不同，大家都在注意了，已經這麼多人在注意了！這時候，它所打出的響亮名號：「為你自己買下一塊網路歷史」（Own a piece of the Internet history），開始發揮作用。大家始開始知道，百萬網站肯定會留在網際網路的歷史裡。

當「百萬網站」成功的打出這個「歷史意義」的金字招牌，所有的西方人士對它更愛、更瘋狂了，就像前面所說的，因為西方人最喜歡自己有些了不起的事情，比如以後可以和曾孫說「祖父我也曾經做過這些事」。

當然，這段時期，我們也會開始看到競爭者的出現，尤其百萬網頁只有一頁，這麼容易被模仿，許多人乾脆就直接抄了，也來開一個自己的百萬網頁。但是，像「百萬網頁」這樣的「善搞」有個好處，那就是通常「善搞」憑藉的就是一股「新」意，因此，競爭者無論是做怎樣的修改，它絕對不會是「第一個」，它的「新意」和原創者一比肯定馬上少了一大半。因此我們看到，百萬網頁的「賣格子生意」這麼好，但只晚它一、兩個月的其他競爭網站，卻連一個格子都賣不出去！

第三期，最後一擊：在2007年1月，特悟先生其實已經非常接近最後的100萬目標了。但這時候，「百萬網頁」這個

百萬網站
如何在一年內化垃圾為1,000萬美元？

故事已經不再新鮮，整個網站的流量也慢慢降低。這時候他再度出招，將最後100顆畫素，拿到全球最大網拍網站eBay去賣，後來還真的出現競價的狀況，讓特悟最後歡喜的宣布「全部售罄！」高興的抱走104萬美元，以及網路的歷史回家。

一頁網站的「一曲巨星」魅力

百萬網頁之所以很吸引人，**也是因為它的「成本」**。特悟的這個點子的美妙之處，在於它等於是在一塊空空的貧瘠之地，憑空為它創造出一個價值，然後讓它的價值流動，自己賺到錢，而那些付費者也得到了他們想得到的，觀眾也享受到他們最喜歡享受的。我們看到，這個「百萬網頁」曾經在全球排名高達127名，雖然這樣的成績只稱得上平平，從未擠入全球前一百大網站，但，我們應該驚嘆，「百萬網頁」根本就稱不上「網站」，竟然能打敗其他辛苦製作的網站，得到這麼多人的拜訪與矚目！

「百萬網頁」其實只稱得上是一個「皮」而已，只有一個面。它是一個簡單得不能再簡單的網「頁」，就像美國人口中的「一曲巨星」（one hit wonder），只出版一首單曲，歌手賺飽了荷包就銷聲匿跡。**我將這類的網站稱為「一頁網站」**。

「一頁網站」至少有三大好處：

好處一，重壓在第一秒：男女初次見面相親，第一眼的

感覺就贏了一半。到網站拜訪也是一樣，第一頁就定了江山；100人進入網站，只有50人會再點第二頁觀賞，30人真的加入會員，5人真的買東西，3人真的再回來光顧。因此當初那100人唯一人人都看到的就是這網站進來的第一頁的頭部。就算創業家有一筆還OK的預算，比如10萬台幣好了，可以做出一個完整網站，但這網站和業界相比，無論是以技術或設計的角度來看或許只能達中級水準，但如果把網站全部塞進一頁，10萬預算就做那一頁，便可動用所有最炫的技術，讓所有人眼睛為之一亮，技驚四座，立刻幫你宣傳。在預算有限的情況下，將所有的預算全集中在一頁，是聰明的做法。

好處二，容易實現（implement）： 大部分時候，創業家預算極度受限，能省則省，所以「一頁網站」成為自然的選項。事實上「一頁網站」並不容易製作，但好處是，它最難製作的部分並不一定在網站設計與程式撰寫，而是在點子規劃，如何把所有東西集在一頁？這一頁的工具要從哪邊來？點子設計的部分佔掉最多的時間，所以當一位創意家只會在心裡不斷製造超棒點子，卻苦無技術高手為其實現，不如反過來，順著現在的狀況，想一個「一頁網站」的點子，想出來後，網站就已經差不多完成，此時就算沒有技術高手，花個台幣2萬元找人完成即可。

好處三，換來更多時間： 時間成本是互聯網很重要的關鍵。許多網站就算是你的預算再高、肯花再多資源，也得搞個三個月以上；但一頁網站設計簡單，製作速度相對快，很有可能一個週末趕工即完成。再偉大的點子，沒做出來也

沒有用，一頁網站讓你能把點子快快做出來給全世界用，可以有充裕時間調整，甚至拆掉重做捲土重來，或一次多推幾個。成功只需一次，失敗可以無限次，一頁網站省下時間成本，便容易快速累積經驗，也容易達到最後的成功。

目前，台灣其實已經有很多企業在「搞」一頁網站的行銷宣傳法，這些一頁網站外包給網站製作公司處理，一個案子從50萬到200萬台幣不等，台灣的網路工作室主力都是視覺、美術設計，因此網站工作室也樂於接這樣的案子，後面不必有什麼功能，可以把所有的精力放在他們最有興趣的美編，做一個很漂亮的「一頁網站」。但，這樣的網站再成功，也不可能有百萬網站的百分之一。

為什麼？我們發現，像台灣常見的這種所謂網路行銷的「首頁」，往往只是實體活動的一個宣傳頁面，它的存在只是讓實體的宣傳活動有一個網路上面的「面孔」，是實體帶著網路，不是網路帶著實體。這就很奇怪了，網路可以發揮的功效之大，廣告主卻不去經營這塊，花了很多錢，只做一個很死板的宣傳「面孔」。

真正的把「網路效應」經營得很成功的廣告人，所得到的效果絕不只這樣。事實上一定會遠超過實體的效果，讓廣告主自己下次不會想再以實體配合，從此全部都用網路來宣傳！

另外，特悟的這個「百萬網站」點子最棒的地方，也可以用前面提過的「供賞比」來解釋。「原始百萬」網頁的SWR其實並不高，也就是說，這麼多人來觀賞，但其中實

際貢獻那些被觀賞的「作品」（也就是那些一顆一美元的畫素）的並不多。以「百萬網站」賣100萬個畫素，最小出售單位為10×10來看，付錢的最多也只有1萬人，加上很多人又喜歡一次買好幾格併成一格，因此總共付錢的人大約落在1,000至3,000人之間，但，它所吸引來逛過的民眾，無論是一時好奇或長期關注的，相信全球加起來應該在1億人以上。而這個網站也真的很簡單，只要來逛，隨便點幾下，就算看完了，所以它的SWR，或許只有0.001至0.003%。

如果以某種「平台」來定位「百萬網頁」，這麼低的SWR可說是非常罕見的。我們知道，主流的傳統新聞媒體就是這麼低的SWR，由一小群的專業新聞製作人所做出內容，給大眾去買單；但「百萬網頁」卻是用零成本的方式，利用它「抓對了感覺」，讓少數人買格子，卻有更多更多的人聞風而至。從SWR來看，「百萬網頁」真是難得的奇葩。

運用「網路效應」，點石成金！

像這樣全部透過網路的「網路效應」，以零行銷預算就在大眾打出名號的「善搞」，每年都有三至四個成功案例。「百萬網頁」並不是唯一。

另外一個也做得很成功的「善搞」就是**「1,000張油畫」**（OneThousandPaintings.com），一位走到窮途末路的藝術家，突然想到一個點子，宣布畫了1,000張油畫，每張的大小都是12×12×1.5英寸（大約半個32吋電視畫面大小），上

面畫的不是山水，不是人像，不是幾何圖形，而是單調的「數字」，只有單色，從數字「1」畫到數字「1000」，總共1,000幅！

這位藝術家把這1,000幅油畫當作「限量藝術品」來賣，真是教人拍案叫絕。而每幅畫的價錢不一，為什麼？這個藝術家很用心的用維基百科找出每個數字在歷史上的意義，意義非凡的或數字特別好聽、好看、好記的，當然就特別貴囉！目前看來，最低價是40美元，一般數字的定價大約以1,000減去畫面的數字，所以畫「300」的就會是700美元上下。

目前，這個善搞網站還真的已經賣掉了760幅畫了，只剩下不到四分之一可以買。從1到101都已經被買走了，最低數字只剩102。

你說，這畫家是在畫畫嗎？是在表現藝術嗎？我覺得整個企劃當然是一種藝術，而每一張油畫也是藝術，仔細一看，雖然每一張的顏色都一模一樣，藝術家採用某種有點像天空自然色的清爽藍色色調，背後襯著白底，整體質感相當不錯，重要的是，雖然表面上看起來這些油畫好像只是很普通的二位數、三位數，但知道這個網站的，在外面一看到這些「數字油畫」，因為它透露某種特質，一看就知道是來自這位畫家之手。

2^22: from \$1 to \$4,194,304

另一個點石成金的善搞案則是**「2的22次方」**（2toThe22.com，目前已移至2tothe22.wordpress.com），站長在此站的首頁，放上一個超大的超連結，這個超大的超連結是要收費的！一開始，這個版面只要2元，A以2元買下，版面就自動跳成4元，讓B再以4元買下後，站主扣掉一部分，剩下的由A賺走。換句話說，假如賣得順利的話，A可以賺雙倍，B未來也可以賺雙倍，C、D、E、F……直到最後一人都可以賺雙倍。這個網站還特別解釋，它的本意並不是要讓人「賺雙倍」，而是想幫人享受「以雙倍賣掉」的滋味，最重要的還是「善搞」的本意，也就是「Be part of the history」的爽快感，看官們也可看看這個網站一路下去可以賺到多少錢，這感覺正好和「百萬網頁」非常類似。

目前「2的22次方」的首頁價值已漲至128美元（2的7次

方），繼續朝4,194,304美元前進（2的22次方）。那你一定
會問，最後一人怎麼辦？製作人盤算，假如這個遊戲真的可
以玩到最後一人，那麼這個網站肯定已經價值非凡，它的故
事也將受人傳誦，這時候它的版面就和「百萬網頁」一樣有
價值，而這個版面，將全部由最後一個人獨享（而非如百萬
網站由100人以上分享），因此它的價值或許已經超過票面的
400萬美元！

另外，還有一個叫做**「每月薪水」**（monthlydollar.com）
的網站，一個人喊出他想當「網際網路養的第一名員工」，
這個員工的薪水哪裡來呢？就靠網路上面千千萬萬的網友一
個人一點點的捐獻。每個人一個月只要捐1元（台幣33元）就
好，對捐款人而言其實也真的不多，一年也才12美元（不到
台幣500元），目前還真的吸引了144人慷慨解囊，也就是說

這位先生一個月可取得近台幣5,000元的「月薪」，而他所回報的，只是將這114位「老闆」的名字登在他的首頁。為什麼這114位老闆願意捐錢？因為他們也想當「養網路的第一名員工」的老闆，這種感覺和「百萬網頁」所捕捉到的網路的玩樂、歷史感有異曲同工之妙。

新的百萬首頁

不過，說到要玩「善搞」，當然還是「始祖」最厲害！

大家都引頸企盼，特悟在「百萬網頁」以後，除了拿這筆錢把他的大學學位修完，會不會有下一步更驚人的網路創意作品？

　　果真不出所料，最新的「變種版」百萬網頁「**Pixelotto**」（www.pixelotto.com）於2006年底推出了，創辦人不是別人，正是原始百萬網頁的特悟。Pixelotto同樣是畫出100萬顆畫素，只是這次是每顆畫素以2元（雙倍）的價格販售。為什麼這麼貴？因為這次的遊戲規則和上次不太一樣，特悟決定讓大家一起分享發財的美夢。他宣布，將於年底舉辦樂透，在目前這些已賣出的格子中，選出一個當作祕密的「寶窟」，開放全球人士前來點擊，每個人一天只能「猜」10格，活動進行幾天後，會在「猜中」那個寶窟格子的那群網友之中，隨機抽出一位幸運者，這位幸運者可取得Pixelotto所有收益的50%，而特悟本人則取得40%，另外10%分給公益組織。

　　這個網頁被許多美國網路觀察家批評得體無完膚，但若以「SWR」來分析這個新網頁，卻會有驚人發現。

　　我們先來假設，SWR跟架構有關係。特悟的兩個百萬網站的SWR假設是一樣的情況下，如果他只是將原始百萬網頁拷一個新的、什麼事都不做，那這次的觀賞者肯定較少，分享者也會較少，所以特悟將最後的遊戲規則改變，由於最後樂透的設計，吸引更多人去點擊（增加W值），然後在預期大家都會比原始百萬網頁「更積極的點進去觀賞」的想像下，肯定又會有更多人會想來買格子（增加S值）。原始百萬網頁這麼低的SWR還有一個好處，那就是這近億名的冷漠觀賞者，只要大家多按幾下，就很有魅力了，而這些冷漠觀賞者之中只要有一小部分願轉成付費者，Pixelotto就不怕

chapter 4

沒人贊助了。而這次特悟也特別的設置了「截止日期」，不
必整版賣完，只要有上次一半的人數（也就是賣掉一半的格
子），特悟就可以再賺100萬。這麼多的大大小小的設計總的
全部加起來，Pixelotto或許有很大機會會失敗，但它絕對不
是一個stupid idea（爛點子）！

　　「善搞」風繼續吹襲全球網路界，規格愈來愈深奧，繼
續玩著全球7億人口的大實驗，也娛樂著全球「顯示器前的觀
眾朋友」。這樣的實驗成果，我覺得連哈佛經濟學家都可能
會感興趣。從無到有，從0到100萬，一次又一次的訴說著網
路的故事，也一次又一次的創造，用錢都砸不出來的「網路
效應」。

Linkedin

如何收集900萬筆個人機密資料？

　　Linkedin為目前30歲以上的商務人士最愛用的人脈聯絡網站，簡單的說，這個網站最妙的就是讓商務人士可以透過它來接觸到一般情況碰觸不到的「外圍人際圈」，譬如他的朋友的朋友，或他的同事的妹妹，或他的同學的老闆……等等。以會員數來看，Linkedin只有大約900萬個會員，以它已經開站五年以上來看，並不算是值得特別炫耀的成績。然而，它卻收集到了一些其他網站所收集不到的資料，而這資料就連政府單位都不見得擁有。這些資料就是——900萬筆真實度極高的個人資料！而且，這些900萬個人到底彼此的關係是什麼？誰認識誰？都有詳細的資料，彼此之間連連串串成一張詳盡的「人脈地圖」，這張「人脈地圖」就是Linkedin最棒的成績單。而最重要的是，這些資料竟然都是由這900萬名使用者的個人主動提供，而且不像一般政府單位收集戶口資料可能要五十年、一百年，Linkedin竟然可以在短短的五年內，在零行銷預算下，就成功的取得這些資料！

　　究竟，Linkedin是如何「逼人吐實」的？

「六度分隔理論」的巧妙應用

　　研究Linkedin這個網站，雖然並沒有直接關係，但一定還是得從所謂的「六度分隔理論」（six degrees of separatin）原理開始。

　　什麼是「六度分隔理論」呢？據專家統計數字指出，**每個人的人脈圈平均值大約為124人**，也就是說，平均一個人認

識並保持聯絡的親人朋友相加起來的總數，大約是124位。如果這數字屬實，那麼以數學上來看，若能透過朋友的朋友，一層一層介紹下去，只要6層，就可以涵蓋全世界60億人口；也就是說，你或許覺得美國總統、麥可喬丹、瑪丹娜、貝克漢就像天邊的一顆星一樣遙不可及，是一輩子碰不到的名人，那你很有可能錯了！他們絕不是遠在天邊、觸碰不到，因為就平均上來說，你和這些名人的關係，很有可能在「6層」以內就可以牽得到關係！也就是說，或許，麥可喬丹就是「我的朋友的朋友的朋友的朋友的朋友」！

這個被科學家稱為「六度分隔理論」的數學發現，在最初提出時，大家只當它是個有趣的理論，可以在茶餘飯後拿來當作聊天的題材，一聲讚嘆：「我們真的活在一個很小的世界啊！」（It's such a small world!）當時大家並沒有想到，這個「六度分隔理論」主題，竟然可以拿來開一個叫做Linkedin的網站。

在Linkedin還沒出現前，傳統男女交友網站的一貫做法，就是只將「我」放到網站上，以「我」為「唯一的單位」。「我」自己到這個網站裡的一、兩百萬會員中，設定「我」想要的參數，搜尋適合「我」的友人，然後自己寄信給對方，自己幫自己配對。但，Linkedin的想法是，既然世上的60億人有可能透過幾層朋友就可以「攀上關係」，我們當然不應該只把「我」放上去！因此，除了自己的出生年月日、工作狀況、相片，**也應該把我們的「朋友」也都放上去**，還有我們這些朋友的電子郵件住址，讓Linkedin去邀請

這些朋友也進來Linkedin，等到你的朋友和他們的朋友也都加入了此網站，你就可以開始認識「朋友的朋友」了！

於是，Linkedin成為網路界第一個提出「應該建立一個好友名單，並將大家的好友名單比對、串聯在一起」的網站！它認為，只要我們大家都把自己的朋友偷偷告訴Linkedin，而我們的朋友也把他們的朋友都偷偷的告訴Linkedin，那，全球的人就可以靠這個Linkedin網站，像香腸一樣環環扣扣的串聯在一起了。也就是說，Linkedin一開始的賣點，只不過是「提醒」大家這個「六度分隔理論」的存在，藉此鼓勵大家，多多攀關係、交朋友！但，這就讓它一開始就和一般傳統的交友網站非常不同了，並成為Linkedin之所以能啟動一傳十、十傳百、百傳千、千傳萬的「網路效應」的第一個重要原因。

　　很多人第一次聽到這種說法，會馬上拍手叫好。因為在這世界的信用系統、安全系統，以及綿密的法律與道德觀等等交錯之下，人們其實可以安心的生活，安心的去與陌生人交談、一起工作，向某人買東西、聘某人作部屬，但我們都知道，這世界上還是「認識的人介紹最安心」。我們還是喜歡用「介紹」的方式去找工作、找伴侶、找房東、找合作夥伴……。最重要的是，透過朋友去交朋友，肯定是安全許多，尤其是針對那些比較敏感、比較要注意的合作案，Linkedin等於幫我們提供極佳的「徵信」管道──可以先和自己的朋友詢問，那位「他的朋友」是不是適合？透過朋友去認識其他朋友，上當受騙的可能性肯定低很多。再加上，人人從小就被教育，「這個世界還是要靠關係！」、「出外靠朋友！」，因此，Linkedin這個網站只要喊出「六度分隔理論」，就可以敲中許多網友的心鐘，加入會員開始擴展自己的人脈圈。Linkedin可說解決了這個深藏在許多人心中的「擴展人脈圈」的需求。

　　Linkedin搶在所有網站之前，率先把自己和人們最熟知的「有關係就沒關係，沒關係就有關係」的定律給做成網站，成功的深耕在人們的腦海裡，即使全球各處已有競爭者如Jigsaw、Spoke、Ziggs、ZoomInfo以及中國的「名片網」（mingpian.com），打著「你的垃圾，可能是別人的寶貝」，威力強大的全球人脈資料庫已經在各處如火如荼的建立中；然而到目前為止，沒有一家可以和Linkedin一樣成功，因為它是第一個提出這個驚人理論的人脈網站。

更了不起的是，Linkedin靠這個六度分隔理論，吸引了大量的「商務人士」，這些人是其他網站怎麼拉都拉不來的高層次使用者，也是學習最慢、最不常使用、也最沒有耐心去學新科技的「LKK」族群，但Linkedin很快就「敲」中這群人士的心弦，發展至今，竟然已經擁有高達900萬名用戶，目前已涵蓋了150個產業，坐落在400個國家地區。

這些用戶大部分都是白領的商業人士，也讓Linkedin的會員數雖然輸給一些青少年網站，品質上卻更有價值。

從0到1,000位會員，易如反掌！

但Linkedin的「六度分隔理論」並不是只拿來喊口號，這招竟然還同時幫助了Linkedin解決一個新創網站最大的挑戰，也就是在前面章節所提到的「First 1000」、「最初1,000會員怎麼來？」的千古難題。

Linkedin使用「六度分隔理論」最屬害的地方就在這裡。它居然靠著這個「六度分隔理論」，完全解決了「First 1000」的問題！

　　怎麼說呢？原來，Linkedin是用「互惠」來包裝這個網站。它只要跟大家說：「我們是新的，沒錯，但加入我們，你可以得到好處。」

　　加入Linkedin有什麼好處？有啊，那就是：「說不定，比爾蓋茲真的就是我鄰居的堂哥耶！」

　　「對啊，」Linkedin接下來會這麼告訴你，「**既然這樣，先把你自己所有鄰居的電郵住址告訴我吧！**」

　　假如你真的想透過Linkedin來認識其他的人，假如你真的認為Linkedin是認識「貴人」的好工具，第一步，沒錯，不要懷疑，你就是得先把自己認識的人先給貢獻出來！因為，如果使用者沒有主動先提供他所認識的人，就不可能透過任何人找到比爾蓋茲。

　　Linkedin所營造出一個「可能藉我自己的朋友攀到比爾蓋茲」的夢想，會讓大家紛紛把自己朋友的電子郵件信箱住址「出賣」給Linkedin了。

　　一般人並不會覺得這是很糟的事，因為透露我的朋友是誰，雖然有可能讓我的朋友收到一些垃圾郵件，但我也等於「把自己的朋友圈分享給這個朋友」，他的人脈圈就更廣了，而我的朋友也把他的朋友通通告訴我、讓我知道，我的人脈圈也更廣了。假如透露這些資料，可以讓自己得到更多的好處，在沒有犯了什麼不道德的情形之下，一般的人很快就會照做了！

　　更妙的是，Linkedin就在取得你的好友名單後，開始將這一封又一封的「加入邀請函」，用你的名字，寄給你指定

的所有朋友。首先，這種信幾乎不可能被防垃圾信機器人給擋掉，因為這封信掛的是你的本名和你的電子郵件住址，應該早已在對方的聯絡人清單中；再者，開信率肯定特高，因為朋友看到是來自他熟識者（也就是你）的電子郵件，一定會打開來看看。「開信率」是目前電子報普遍存在的最大問題，通常開信率超過50%就要慶祝，一般可能連10%都不到。信箱中滿滿都是各式各樣的題目、誘他去開信的「廣告垃圾信」，使用者經過這麼多年的累積，被「騙」的經驗多了，通常會非常小心的開啟，甚至所有不認識的信都不開。但，Linkedin的信來自於熟人，這些信，一定要開。

這樣一來，Linkedin很快的就透過一個會員，得到了其他會員的注意。初期那些新會員雖然也知道Linkedin還是一個人數不多的小網站，但他們知道只要加入，就有可能把自己的人脈線牽到比爾蓋茲那邊。為了加速這個夢想的實現，這些新會員繼續把Linkedin這個好東西告訴他們的其他朋友。也就是說，Linkedin打著「六度分隔理論」的招牌，四處「送東西」，這東西還不是紮紮實實的人脈，而是一個「關於人脈的夢想」。就這個夢，讓Linkedin從一開始，雖然站內空空如也，卻已經充滿魅力，輕輕鬆鬆就突破了「First 1000」問題。

人性的弱點，讓資料異常準確

Linkedin厲害的地方還不止於「First 1000」。

前面提到，以Linkedin目前會員總數達900萬個來看，並不是太高的數字，但Linkedin的用戶有一大優秀特質，那就是**「真實度很高、重複度很低」**，而且全部真的都是有心從事商務的專業人士（professionals）。

網際網路上，「真實度」一直是一大痛腳。你怎麼知道，對方一定像她自己形容的這麼美？說不定這個「美女」，其實是個酗酒、抽菸、穿拖鞋、蹺著二郎腿跟你聊天的中年男？Linkedin之所以會起飛就在於它的「真實度」，也可以說因為Linkedin裡面的資料都很真實、很可信，才會受商務人士如此青睞。

究竟Linkedin的資料庫多有價值？美國中部某州，據說曾有人高價兜售他在Linkedin「鋪陳」的人脈網，他號稱，到該州的新移民，只要付費給他，他就把他加入名單中，直接和這個州的其他重要商務人士取得連繫。Linkedin站內資料的價值可見一斑。

Linkedin的這900萬會員資料除了真實的姓名外，重要的是，它還擁有了這些會員其他最重要的個人資訊：也就是他們的工作狀態、目前職位，以及朋友的名單，而且這些資訊大多是正確的。這麼私密的資料，**Linkedin要到手的方法，竟然是靠人性的弱點。**

人性的弱點，讓Linkedin成功的獲得了一大堆真實的資訊！怎麼說呢？

它用的是**「朋友監督法」**。

首先，Linkedin在站內先提出要求，在Linkedin站內無論

做什麼事，「都一定要使用真名」。這就好像貼一張紙在店門口，警告顧客不能帶食物入場，假如是自己一人，說不定就偷偷摸摸進去；假如旁邊有熟識者，尤其是有一大群「商務朋友」在場、絕不可能在看到警示的情況下，還大搖大擺的違規帶食物進場。就這麼一個簡單的效果，Linkedin的使用者個個都乖乖的照著規範走。由於Linkedin專門鎖定商務人士，使用者也都很認真的去填寫這些欄位。

當一個Linkedin使用者在邀請朋友時，由於「加入邀請函」所留下的是他的名字，因此也不可能使用假名，不然他的朋友收到了這麼一張沒聽過名字的「加入邀請函」，應該也不會加入。在「雙重保證」之下，Linkedin的假名率和其他網站比起來，向來都非常的低。另外，由於Linkedin使用者的所有資料，包括目前職業、目前職稱、履歷表等各方面，都會對朋友開放，因此一定也不會虛假。

假如有心人真的刻意去做一個假名的Linkedin帳戶，這樣一來，當這個不存在的人試著加入其他人到他的人脈圈時，其他人不認識此人，自然也會拒絕他，不讓他加入。

如此做法實在巧妙！Linkedin教我們的是，網路上面既然無法控制真實與偽裝，最好的監督者，**就是你的朋友們**。Linkedin的網路效應，完全都是仰賴「朋友」來完成，而朋友除了負責提供他們自己的友人圈之外，最妙的是也扮演反過頭來監督此人的角色。由此可見，一個網站只要導入「朋友」，讓這些朋友都「看到」我的資料，這些資料應該都會大致符合站方的規定。

不斷的鼓勵、不斷的煽風點火

　　Linkedin以朋友來監督，也只是第一步而已。通常一個新的Linkedin使用者不可能馬上就加入10位以上的友人，就算把邀請函發出去，可能也不會馬上得到10位以上的朋友熱情加入。一個想要炒出人氣的網站，往往就在這個關鍵點上失敗。因為使用者可能是一時興奮，花時間填了會員加入表，按下「寄出」，就完全忘掉這個網站的存在了。就算網站已經寄E-mail提醒他、歡迎他的加入，但這位網友有很大的可能就杵在那邊不動了。所有的網站，都有許多這種「閒置會員」（idle member）。

　　Linkedin的閒置會員當然會有，但顯然的，**它的閒置會員只會愈來愈少，不會愈來愈多**。怎麼說呢？首先，我們會常常收到來自其他朋友的「請加入我的Linkedin人脈」的邀情函，這點還好，不算什麼。但接下來就有意思了，由於Linkedin規定，超過兩層的朋友，必須透過彼此之間的朋友來連繫，因此我會常常收到我某個朋友小白寄信來，說：「我想認識你的朋友阿志！」因為是你的朋友的邀約，你又不能拒絕！

　　Linkedin就用這種方法，透過這種由一個朋友發出，希望認識你另一個朋友的電子郵件，時時提醒會員：「該回來看看，該回來看看囉！」

　　而且，「擴張人脈圖」是一個多麼有魅力的事情。當一

個會員回娘家時，看到自己的個人網路，已經從7、8人一口氣長到50人了，看看裡面的人，有人是總編輯，有人是畫家，有人是會計師，有人是投顧分析師，就會覺得「士氣大振！」，想要在這個地方再好好的玩玩看。也就是說，Linkedin時時在「提醒」我要做這個、做那個，而有趣的是，這個「提醒」又再一次是透過你的朋友來完成的！

其他「人脈網站」的美麗與哀愁

　　像Linkedin這樣以「六度分隔理論」為軸心去鼓勵網友貢獻出自己周圍的朋友，透過朋友來交朋友的網站，一度在兩、三年前，如雨後春筍般的冒出來。

　　其中的Friendster，其實才算是第一個以「六度分隔理論」紅起來的網站，它做的是年輕族群的交友，不過和一般交友網站不同的地方——Friendster可以讓你「認識你的朋友的朋友」。這樣就已經很有吸引力，因為網路男女交友也好像做生意一樣，對方個性、品性都未知，也怕對方來路不明，而且，每次交友都是「一對一」，也過於刻意、缺乏樂趣。因為種種因素，Friendster的出現，巧妙的把原來的朋友族群和「新的」朋友族群做了一番串聯，製造出一種全新的交友方式！

　　但最後，Friendster卻失敗了，最主要的原因是因為它只提供了交友必備的「工具」，這工具所帶來的效應卻不如Linkedin這麼有說服力；當然，也要怪當時Friendster的機房

規劃不當，網站紅起來以後，速度馬上變得非常慢，大家上
去交朋友，等一張相片要等幾分鐘，終於失去耐性，因而流
失不少客戶。另外，Friendster對來自世界各地的網友分隔得
不夠恰當，造成首頁全都是拉丁美洲的男生女生在上面徵求
朋友，讓許多美國網友興趣漸低。Friendster現在已從天堂掉
到地獄，市佔率不到1%。

另外，還有一個叫做Jobster的網站更酷，它直接引用一
個數字當作網站的開設宗旨。目前會把履歷表放在網路上的
求職人口，其實只佔所有工作人口的不到5%，而肯定的是，
還有更多沒有把履歷表放到網路上，卻有點想轉職的人，如
果有更好的機會，他們其實並不排除願意試試看。這些人往
往高手輩出，所以才有「獵人頭公司」（head hunters）存
在的價值。但，在這片廣大的茫茫人海中，除了獵人頭公司

外，還有什麼方式可以找到這些人？

沒錯，就是用「朋友找朋友」的方式了！

Jobster當年開站，一度打算用「介紹」的方式，來找到那些想換工作卻尚未將履歷表放到網路上的人。他們看到已經有很多獵人頭公司利用了Linkedin，而且Linkedin真正「賣錢」的也是從「job posting」開始，所以他們就直接做了一個Jobster來「請你介紹你那些可能有『異動之心』的朋友」。Jobster的創意很好，不過，卻沒有擊中這方面的真的需求，它又太遲發現不對勁，後來整個縮回來，功能大修改，有點可惜。

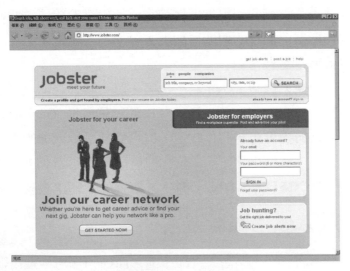

基本上，這些和Linkedin一樣的模式，出狀況的主要原因大多在於：他們「一視同仁」，將所有的「朋友線」用同樣的線連過去，但在許多時候，人與人之間的牽扯相當細

緻，絕不是這樣在聯結的。

最近又出現一個新點子，被眾人認為很有可能會比Linkedin更能發揮「網路效應」，比Linkedin更厲害、更成功。這個點子叫做Geni。

Geni掀起另一場「網路效應」

2007年初才開站的Geni，主要是集眾人之力，合力製作「祖譜」。它的點子其實非常簡單，讓人可以用圖像的方式製作自己的族譜，每加一個人，會要求你將他的E-mail住址也加進去，然後Geni幫你把目前完成的族譜寄給這些親戚，讓他們把自己周邊的親戚再加上去，一起慢慢把全世界的人的祖譜都做起來。

說到線上祖譜，Geni並不是第一個，其實之前美國早已有Ancestry.com、AncestorHunt、FamilySearch、Genealogy等在賣祖譜與提供祖譜製作軟體，但它們都是冷冰冰的工具，幫你把自己的祖譜建起來，並沒有往外擴張的「網路效應」，因此它們都必須在入口網站上拚命買廣告來吸引會員加入，生意停滯不前，而Geni卻巧妙運用網路的優勢來擴張。

怎麼說呢？Geni用了一個非常巧妙的方式來「搞」網路效

應——一個非常容易使用、容易理解的介面。網路是個玩樂的地方，太過於嚴肅的「工具」，網友並不想使用，而且，假如每天都收到朋友要求加入某一個網站的信，是煩不勝煩的事。但Geni把整個圖都寄給你，一點進去就看到一張有趣的族譜地圖，上面都是你認識的名字，就算再不擅使用陌生網站的老人，也會想辦法把自己的兄弟姐妹輸入進去，他當然也會很好奇這張圖變什麼樣子，所以會一而再的回來。

接下來，Geni最厲害的地方在於它以比Linkedin更快的速度構築了一張一模一樣的人脈網。Linkedin從「朋友」來構築，而Geni是從「親戚」來構築。朋友有輕重之分，隨時會散掉，Linkedin無法分辨，但親戚死後還是親戚，永遠不會改變，Geni靠這地圖就可以吃一百年生意。這張人脈網路一起來，整個世界出現了另一個Google，像這些Linkedin當初

所謂的「人脈地圖搜尋網」雄心也得到真正的落實。

　　親自試用這個網站的美國知名部落客Michael Arrington，大呼吃驚——「我才剛剛加了我爸和我媽的E-mail住址進去，整張圖才3人（我、我爸和我媽），並沒有特別叫他試用，剛剛我看了一下馬上看到家族圖表爆增為12人。」而Geni所呈現出來的數字也相當嚇人：短短一個半月，會員數便突破10萬人，並加入了200萬個家庭成員。Geni在還未正式上線前，不但已獲得創投的1,000萬美元資金，且公司估值已經高達1億美元（約33億台幣）。這樣一個網站，以兩位工程師之力，從點子發想到完成，應該只需一至三個月的時間；以這麼短時間與如此低的成本，即輕鬆獲得33億台幣的估值！

以「真人」為重要單位

　　回到Linkedin。這個網站和本書其他「網路效應」網站的設計，有一個最大的不同點，那就是Linkedin可說是完完全全的以「人」為單位。它完全是一個牽一個朋友，朋友監督朋友，收集的方式是人與人之間的「網路」，大家到這個網站的目的也是完全為了「人」而來。當一個網站的「網路效應」能以「人」為單位構築起來，可以延伸出去的新做法還是有很多。

　　就是因為「人」的取向，讓Linkedin從2006年的3月達到了損益兩平。它賺的正是其周邊的「job posting」，也就是

「找人」的錢。它的收費很簡單,每貼一個job posting就收費幾乎100美元。它找到目前最需要的一塊「高階人才需求」,目前這塊需求只有獵人頭公司做得到,但Linkedin憑它高正確度的職涯資料,幫助徵才者準確找到他想要的高階人才,因此順理成章的提供了這個服務。

其實,它大可以也導入「公司行號」,幫公司行號規劃自己的網站門面,說不定還可以很快的開始收費!它也可以以「討論區」為主,大家可以在上面分組討論一些事情。但,Linkedin開站以來,整個網站成倍數成長,它從頭到尾卻還是把自己的定位非常確定的黏在「人」身上。它只把自己定位成「收集人」的平台,所有的資料都是以「人」為中心,其他的所有內容都只是某個人的「附加形容詞」。

由於Linkedin已經把所有的力氣都花在人的資料上面,所以它的搜尋功能也變得很有價值。因為它可以找到一個人「所有的資訊」,它是一個極強大的「人的搜尋引擎」。

和「人」有關的網站,若定位得好,往往都可以有相當不錯的表現,因為「人的資訊」的需求實在是太大太大了!

2007年初在矽谷頗被看好的一個叫做Spock.com的新世代網站便是一例。它和網路效應沒有直接關係,但也是和「人」有關,它做的正是Linkedin也有意製作的「人的搜尋引擎」。你在它的搜尋框裡鍵入「柯林頓」,就會看到柯林頓的生平資料、相片等,也可鍵入「政治家」,得到一大串的名單,再一位一位慢慢欣賞。不同的是,它自己不自行經營「網路效應」,而是架在別人公開的網路效應之上。Spock

轟動的程度，從它在開站前就已經取得700萬美元（近3億台幣）的創投資金便可看出，它在開站時將自動收集並整理好1億個人士的資料開放讓大家免費搜尋。

Spock之所以教人驚豔，是因為它是真正的「人的搜尋引擎」。Linkedin自己找來會員，而Spock則認為，反正現在人人都有部落格，也在各網站有公開的資訊，這些網站自己發揮「網路效應」拉攏新會員，這些工作不必再重做，Spock只要直接派出爬蟲機器人去挖掘這些資料就好了！Spock扮演著一個「中介的搜尋引擎」角色，將這些四散各地的資料進一步整合起來，並且在這麼多同名同姓的「A先生」中，分辨出誰是誰，最後在你搜尋到「A先生」時，優雅的把它從網路上搜來所有資料，漂漂亮亮的給你參考。

有人問，有沒有可能再出現「第二個Linkedin」？我覺

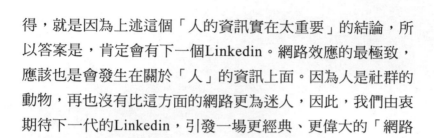

得，就是因為上述這個「人的資訊實在太重要」的結論，所以答案是，肯定會有下一個Linkedin。網路效應的最極致，應該也是會發生在關於「人」的資訊上面。因為人是社群的動物，再也沒有比這方面的網路更為迷人，因此，我們由衷期待下一代的Linkedin，引發一場更經典、更偉大的「網路效應」。

MySpace

如何在兩年內吸引
1億會員？

　　2005年，網際網路出現了奇蹟，為千禧年達康泡沫後的疲軟網路產業，注入一劑強力強心針！因為，英文的網路市場裡，同時有三個網站，在短短的時間內達到了從前第一批老大哥老大姐都達不到的不可思議規模，這三個網站就是MySpace、Facebook與Bebo。最不可思議的是，這三個網站無論是大方向或細部功能，幾乎一模一樣，這些網站被通稱為新一代的「社群網站」（Social Networking Services，簡稱SNS）。

　　網際網路十幾年歷史下來，從來沒有過一次同時有三個性質如此相近的網站，同時升高到一個程度，並被大站搶著併購，而且估值還都在5億美元以上。首先被買走的是MySpace，在2005年的夏天（也就是創站不到兩年）就被媒體巨擘News Corp以5.8億美元（200億台幣）買下，當時還頗受爭議，沒想到隔年Google就跑來和MySpace簽了一筆9億美元（300億台幣）的合約，讓那些批評者全部乖乖噤聲。接下來是Facebook。Yahoo!出價10億美元（330億台幣）準備併購Facebook，要股東與創辦人讓出股票，結果居然被Facebook給狠狠拒絕了，原因是：「雅虎總裁不懂網路」諸如此類的，教網路界人士大感訝異與不解！據說Facebook目前已有準備籌畫股票上市的打算。而Bebo在歐洲也造成了一股旋風，甚至在愛爾蘭已成第一大的網站。

　　這些網站之所以這麼「貴」，因為它們有它們的價值。它們都在短短的不到兩年內，就造成了一場極巨大的「網路效應」，像個磁鐵一樣，吸來了非常大量且忠誠的「客

戶」。以MySpace來說，目前的會員數已經接近2億人，目前佔全英語系國家上網人口的54%左右，可怕的是，每天依然有大約23萬名新的會員加入！

　　試想，一般公司需要花多少預算才能引來23萬名新會員？MySpace不必花一分錢，天天都有這個數字的新會員擠進來。

　　Facebook也很驚人，雖然它目前總會員數只有1,800萬名左右，但每天的Page View高達10億次，意思是每位會員每天皆花非常長的時間在Facebook網站上面。假如和台灣的網站比一比，Facebook網站的瀏覽頁次已經相當於台灣的Yahoo!奇摩的4.2倍，而Yahoo!奇摩在台灣的讀者高達94%的上網人口。據eMarketer公佈了針對17至25歲美國大專院校學生調查顯示，在美國女性學生中，一共有70%的女生愛

用Facebook，第二名只獲得38%；而在男性學生中，也有近60%的男生愛用Facebook，第二名只有19%。

有趣的是，這三個社群網站所採用的「網路效應」方法，幾乎是一模一樣的。到底是怎樣的「網路效應」，讓這三個社群網站可以如此成為史上吸收會員最快的網站？

「個人化首頁」的吸眾魅力

社群網站原本的含意，就是讓網友可以在網站上，與住在其他地方的陌生網友，透過線上的各種方式來互動。這類型網站的最前身，就是直截了當的「交友網站」（matchmaker site），男性可以在網路上與陌生女性配對，女性也可以在網路上找到適合自己的男性。這樣的網站，可以說是網際網路的「始祖」之一，實際上也是最早開始成功獲利的網站。

但，這些交友網站面臨了一個一直無法解決的問題，就是會員進去之後，下次要再進去，可能得等到兩天之後。找到伴侶者，暫時也就不會想再登入，以至於這類型網站的收費模式，往往要以月費計算（而不是單筆撮合費）；此外往往強迫或半強迫的要會員一次付一年的會費，以防會員玩到一半中途「不玩了」。

為什麼會有這樣的問題？因為，這些第一代的網友交流網站，將自己定位成「交友工具」。比如我進去，一定要先經過一個給我個人使用的「戰情室」，這個頁面可能會提供

別的網友寄給我的訊息、最近與我最「速配」的網友是誰，還有我上次搜尋了誰等等。我看了一下這些情報，然後開始使用這套「交友工具」，例如，開始「搜尋」其他朋友，而且可以做很多種類的搜尋；或者寄送訊息給一個看得順眼的網友，開始第一層的接觸。所以，交友網站通常有兩個最重要的功能，第一是給使用者自己看的「戰情室」，第二是一套非常棒的「搜尋」系統。這兩個功能是所有網站非常注重的，也非常努力去將它們做得更好。

然而，這樣的「工具」，是給真的心中有目的的人去使用的。它和「電視」不同，我們打開電視不見得真的想找尋什麼資訊或做什麼事，很多時候只是純粹逛逛看看，但，打開一個傳統的交友網站，一定想要做點什麼事。也就是說，它不是一個適合純粹逛逛看看的網站。

而且假如我今天真的想交友，設定了年齡、身高、體重的限制，然後按下「搜尋」鍵，跳出來的結果頁面，長得總是千篇一律。最常見的是看到一個「表格」，上面填著這個女孩的姓名（或許是暱稱）、生日、星座、身高、體重、嗜好……。然後或許有一小段空白的地方，會寫著一些這個女孩自己寫的資訊，譬如一首小詩、一段自己最愛的歌詞等等。基本上還是非常制式的表格。

這樣的交友網站皆假設了一件事——網友來到他們站上，通常都是要「主動的」去「搜尋」適合自己的朋友，而不是要給人家看看自己是誰。假如你對這個制式的身高、體重表格覺得不滿意，那可以到其他地方去開設自己的首頁，

段

譬如當年的Geocities就有許多的個人首頁，可是，自己寫網站的門檻仍然太高，造成許多人無力去外站開設自己的個人首頁，只能很無奈的暫時使用這些制式的「表格」，當作他們在網路上的「面孔」。

後來，社群網站終於「進化」了！有些創業家發現，其實這個「戰情室」與「身高體重表格」，根本就可以合而為一。**「你自己的資訊，為何一定只有自己可以看？」**和別人一起看，有什麼關係？於是，這一批新銳的社群網站，摸出了一個甜蜜點！這個甜蜜點就是，讓網友人人都可以擁有一個個人化首頁（personal profile），這個人化首頁上面擁有從前私人戰情室的資訊，並且完全的開放，而且可讓自己放自己想要的東西，不必再拘泥於制式的表格了。年輕人可以在網路上擁有一張自己可以打扮的「臉」，和其他年輕人一起在裡面熱鬧的交流！

做了這樣小小的改變後，這些網站很快就驚喜的發現，流量大增！更令人驚喜的是，大部分的流量，竟然都是來自「會員自己」，每個會員皆花很多功夫去修改自己的首頁，寫文章、放相片、秀自己！同時，每天都要回來看好多次自己的首頁，有沒有人留言？有沒有人給他訊息？有哪位沒看過的朋友進來過？這個動作，很像自己買相機的殼、為車子後方貼貼紙，秀出個人的風采。而且我知道，這東西會一直在那邊，等於是為自己開了一個24小時皆不打烊的店！

好友名單與留言板的「網路效應」

當使用者愈來愈「重度使用」時，一個網站一定會出現它自己的「網路效應」。但網路效應也是有快慢之分的。在年輕的族群中，一個人開始使用一個網站並迷上它，自然會開始號召身邊的朋友也一同加入，就算不這樣，身邊的朋友一定會發現這個人在此網站上面花很多時間，因此跟著去嘗試看看。但這樣實際的word of mouth效應，其實應該還不至於讓社群網站如此紅火。

那，到底MySpace、Facebook、Bebo這三個社群網站，是怎麼再進一步的提升它們的吸眾魅力的？

答案是巧妙的運用「朋友名單」與「留言版」這兩檔簡單的功能。

在社群網站裡，我有哪些朋友，已經是「公開的祕密」。任何一個路過的「路人」，都可以看看你的個人首頁，然後點進你的朋友的相片，也參觀一下他們的個人首頁。以此類推。所以，逛MySpace，常常可以逛非常久，因為你可以從一個首頁，接到另一個首頁，再到另一個首頁。而這些社群網站的朋友相片的尺寸，都不會只是一張「大頭照」，所以年輕人有足夠的空間，將自己相片弄得很有魅力，男的背著一張衝浪板，女的穿清涼的比基尼之類的，一看就會想點進去多多認識認識這個人；無論這些人在實際生活是不是長得這麼好看，但這些社群網站，至少上面的相片都是帥哥美女、型男辣妹，賞心悅目，好不熱鬧！

最主要的是，「好友名單」這種東西，本身也是會互相傳染的。怎麼說呢？假如我有五位好友，其中兩位已經擺在MySpace上，我當然希望另外三位好友也在名單裡，所以我會邀請他們上來玩，而三位好友看到我和另外兩位好友的頁面都在MySpace了，應該也會樂於申請一個帳號，做一個首頁以「讓你加我為好友」。然後既然我有了這個空間，我又會想把我其他好朋友的名字，也同樣放到我的好友區裡。這一連串朋友間**「呼朋引伴」的小小動作**，就讓許多年輕人開始瘋狂的加入MySpace、Facebook、Bebo。

就算沒有呼朋引伴，或許我今天會想分享給我的好友看某個影片、某張相片或某一段我新寫出來的歌詞，這時候，我應該會先放到我的個人首頁，然後寄一段連結給好友，好友會上來看我的首頁，會發現，哇，這個首頁真是太酷了，他也好喜歡，既然已經有一個好友在這邊了，「那我等一下回家就加入，你要記得也在你的好友名單加入我哦！」於是，他或許也會在我完全沒有邀請的情況下也跟著加入。

「好友名單」的魅力，就是這麼可怕！

除了「好友名單」外，「留言區」也是很重要的功能。社群網站大量開放留言的功能，留言往往留在首頁的最下方，算是佔了相當明顯的版位，這些留言縱使只有一句話，也會讓大家很愛讀；最有趣的是，留言一定可以順便留下自己的首頁連結，留了幾次話之後，或許我也會希望在這個網站裡面出現一張「臉」，大家不但可以更認識我，甚至進一步在我的「家」裡留言。

黏度超高的「偷窺功能」

接下來，新一代的社群網站還有一記超強怪招，讓會員的黏著度變得非常的高，常常逛來逛去無法罷手。這個功能基本上就是讓每個會員的個人化首頁，開始提供「更多的動態資訊」。也就是說，每次來到這個個人首頁，就算主人沒有更新，我也每次都會看到一些不一樣的東西。

什麼樣的資訊最動態、變化最快？就是其他網友的「動作」。比如，我這個個人首頁，今天有哪10個人來到，而這10個人都在做什麼事情？在我的好友名單的這些人，今天有加入哪些群組？本身又有加入哪些好友？這些都是所謂的「記錄萃取」的結果，也就是網站自己將所有人在網路上的動作都記錄下來，然後在其他網站上播放。這樣的記錄動作當然很容易引起關於「隱私權」的爭議，不過，譬如Facebook一度因為這些功能引起網友抗議，但才進行半年，當初抗議的聲浪漸漸不見，會員對自己的資訊可以披露多少的「尺度」，也慢慢開始放寬。這些資訊因為「太好玩」，整個Facebook的流量成功的往上爆衝！

其實以網站技術來講，這樣的「動態資訊」是很容易整合的，但從前的網站，很少有人利用這些可貴的資訊！許多網站聘請來文編人員，幫這個網站增加一些有趣的內容，但他們忘記，許多有趣的資訊其實從網站內的使用者互動的內容去撈取即有，挖這些資訊其實不必聘請任何人，只要寫

程式去自動整理、抓取即可。當整個網站都充滿了這些動態的、活的內容，就很有趣了；每一小時跑去看，是完全不同的長相，而且有無限種的可能，比看電視還精采！有的社群交友網站，甚至也用這招來製造一些話題，然後每週推出週報，以饗讀者。這樣的「雜誌」完全不用編輯，只要將每週在網站上面互動的各種面貌，做出各式各樣的「排行榜」，就很好玩了！

秀一個好友在做什麼事可能沒什麼，但當每分每秒都看到你的好友名單加入什麼族群時，你也會跟著他去認識更多的好友、族群。然後，或許你也會說：「原來你也喜歡蔡琴！」然後就有更多話題可以聊。這些動態的資訊馬上就讓一缸子原本素不相識的網友，馬上串聯起來。這樣的串聯，透過這些新一代社群網站的巧手連接，每一晚都在互聯網世界裡發生著。

「偷窺功能」為網路公司帶來它們最渴求的功能，那就是「超高的黏度」。社群網站之間在「黏度」上的差異頗大，譬如MySpace的會員數幾乎是Facebook的10倍，但它的總共瀏覽頁面數，卻只能和Facebook旗鼓相當；也就是說，Facebook的會員雖然不多，每位會員登入後，卻總是瀏覽了很多很多頁。「超高的黏度」也代表一個網站營收面的直接好處，因為網站的廣告通常還是以轉換頁面時來播放一個新廣告，瀏覽頁數愈高，廣告的播放次數就愈多，通常就表示這個網站可以收取更高的費用，並播放更多的廣告給同一個人觀賞。而且對一家公司來說，「多找一位會員」，並不是

一件可以輕易掌控的容易事，但，「想辦法讓一個會員多待一倍時間」，相較之下就容易多了。想要讓會員待在網站更久，想要讓整個網站的「黏度」更高，顯然，「偷窺功能」是一個很棒的訣竅。

讓其他廠商代為操刀的「作業系統」

當這些社群網站變成網友個人「表現」的地方，為了進一步的將這些會員給綁住，而且吸引更多的會員，他們一定會問：「會員到底還需要什麼東西？」但每個會員來自不同背景，處於不同的職業、年齡層，他們想要的都不一樣，怎麼辦？

最省事的方法，就是乾脆將自己的網站，「包」給其他千千萬萬更有創意的網站創業家去做。也就是像微軟的視窗作業系統一樣，自己做「平台」，讓其他軟體廠商自行製作產品，提供給視窗的使用者使用。這樣一來，就真的能造福社群網站裡的會員，每個人都可以將自己喜歡的小工具「嵌」在自己的個人化首頁中。而這些合作廠商也真的甘之如飴，它們知道，Facebook的背後，可是掌有2,800萬名大學生族群為主的超級重度會員啊！搭載著它，不怕沒有飯吃！

這個平台，其實當初MySpace已經率先進行，但MySpace的風格是，讓創業家試試，一旦變得太紅，就予以禁止，然後以自己內部開發的同類型產品取而代之，可說是「賤招」一著。也就是說，MySpace基本上還是開放得「心不甘情不

願」的；但，Facebook卻更進了一步，打算將它的網站，完完全全的開放給其他的網路創業家，就算自己的Facebook Photos被其他廠商幹掉也無妨！

Facebook於2007年5月推出了這個震撼業界的新作Facebook Platform，宣布推出第一批採用此平台的新小工具，高達65個。這件事轟動了整個美國互聯網，熱鬧非凡，譬如匿名網路電話服務公司Jangl高興的宣布即日起Facebook使用者可透過它打匿名電話，全球最大線上購物網站Amazon亦宣布即日起使用者可在Facebook上面寫書評等等。

很多人會問，網站升級成「作業系統」？不對啊，從前已經有很多「夥伴計畫」（affiliate programs），有很多網站不也都開放API讓人mashup？Facebook新平台與上述的差別在於，那些API與夥伴計畫頂多把它自有的某一小部分東

西貢獻出來，並還要懇求其他網站嵌入它的服務，好讓更多人使用；Facebook不同，它自己已經有很多使用者，它要求廠商一定要到它的網站裡去開東西，順著它的規格，擺在它的網站裡供它的使用者享用。有人會說，其實有些「宣傳活動」早就搭載著這些社群網站在「搞」了不是嗎？譬如有人拿Facebook幫助競選拉票，譬如波音公司在Facebook上面辦比賽並「順便」徵才，但這些又是太短暫且非自動化的合作。社群網站率先成為「作業系統」，可說是開了先河，也讓整個社群網站的「網路效應」可望再創高峰，令人拭目以待！

音樂也可產生細菌效應

不過，以MySpace這個社群網站來講，它又特別挖到一個讓它的「網路效應」爆衝上天的重點，讓它可以順利取得許許多多的會員。這個重點，就是「音樂」。

事實上，MySpace並不是第一個讓網友可以分享「自己在聽什麼音樂」的網站，也不是第一個讓歌手自己可以上載音樂給粉絲聽的網站，但卻是第一個把上述這兩批人「碰在一起」的網站。MySpace的創辦人Tom Anderson在創辦這個網站時，只有27歲，本身是吉他手，他並沒有想到可以做到MySpace這麼偉大。MySpace於2003年夏天初創時，Tom只是覺得，假如能做一個網站，讓他自己及身邊這些小音樂家們可以展現自己的作品，並且順便互相交友、分享音樂之外的

生活點點滴滴，應該很有意思！

　　所以當年的MySpace，其實是給平民音樂家的「分享首頁」，Tom也在開站之初便號召幾位好友製作幾個個人或樂團首頁（individual profile），而這些音樂家本身有一些女性的粉絲，她們也來MySpace開了自己的首頁，將自己喜歡的音樂家加入好友名單，並分享自己和朋友的相片，就這樣，MySpace就像一架輕航機，在大家還沒特別注意的時候，就輕盈的飛上了天空。有位美國網路評論家曾經這樣巧妙的形容：「今天，MySpace等於是全世界最大的夜店，一天24小時都開著！」在這個夜店裡，有街頭表演的藝人，表演累了就下來喝幾杯酒、划幾個拳，也有想交朋友的單身男女來來去去，一桌換一桌。

　　MySpace的音樂，不斷的創造奇蹟。比如，最近最常在網站上被提及的，就是越南出生、新加坡籍的Tila Tequila，在MySpace上超紅，大家爭相和她成為朋友，讓她擁有超過100萬名朋友名單。準備出唱片的她，想說自己好友已經這麼多人，不打算經過正式的出片管道，直接在iTunes上面以每首1美元讓網友去下載。這件事在三個月前曾獲《紐約時報》特別報導，不過，主流人士看這件事的重點，都擺在「她的好友名單是不是等於消費者？」、「這樣的平民天后會賺錢嗎？」，但，我注意的是，這位平民天后並非歌手出身，MySpace卻讓她變成了歌手。

　　可見，「音樂」是一個多麼具有感染力的元素！

　　事實上，互聯網開始以來，創業家提出許多奇奇怪怪的

點子，就如前一章所提到的，大部分網路創業家的策略，都是想辦法提高所謂的「供賞比」，也就是讓更多的「觀眾」轉變成「作者」，想辦法促進更多人去主動分享他們的東西。但我卻認為，**有時或許可考慮從降低「供賞比」開始，**開發一些一般人所沒有，但「只要擁有的人，會很想多多分享」的新物品，就像音樂一樣。假如該新物品剛好也是很適合觀賞、歡呼（cheers）、評論的，更成為電力十足的大磁鐵。社群網站仍永遠都有機會，青少年毫無忠誠度可言，只要幾個人換，可能大家就跟著換，就算是高貴如MySpace，也時時準備被「突然幹掉」。問題是，要拿什麼來幹掉它？一個只能分享傳統的相片、影片、好友名單、書籤的社群網站，就像一碗大家都吃過的豚骨拉麵，或像一首播放了整個暑假的周杰倫的新歌，或許一開始剛出來時很是新鮮好聽（好吃），但再出來第二次，就變成淡而無味了。下一代社群網站，是不是缺了一點什麼動力，讓整個社群有再往上爆衝的力量？所以我們要問，下一個「音樂」在哪裡？除了音樂以外，還有什麼主題，也有類似於音樂分享的「低SWR」效果的？人類世界裡，還有沒有其他的「易感動」、「有粉絲」、「有動力」的東西？只要找到這個東西，就有機會從那邊開始，自動擴散到其他地方，成為最大的社群網站！

我曾提出，或許，「明星」就是其中之一。讓小明星，包括那些演野台戲或小型舞台劇的藝術工作者，甚至校花、校草、紅牌教授，也有一個可以展現他們作品（或他們自己）的社群網站。而樂器演奏者則是其二，例如台灣有許多

鋼琴老師，讓他們有可以展現作品的社群網站。壓花、撕紙畫的街頭藝術家，還有愛自製手工藝品的小妹妹，都可以有一個窩能夠分享，不必自己想辦法架站或開一個孤伶伶的部落格。還有好多好多。這些社群網站絕不只是以一個垂直市場的特殊社群網站為終極目標，如果經營得當，或許好幾個項目加在一起，讓成員互相交錯，加上他們的粉絲，以及粉絲的朋友，一波一波像漣漪般的向外擴張出去。

一個尚未被完全滿足的龐大需求

社群網站的「網路效應」究竟從何而來？另一個解釋，就是「它的需求實在真的太大」。我當年剛好親眼見證另一大社群網站Bebo的崛起，學了一堂非常重要的課。

幾年前，就在服務近三年的矽谷軟體公司的最後一天上班日，記得那是一個陽光燦爛的早上，我站在辦公室內舒適的大片落地窗前，窗外有白鷺鷥和一片清淨湖水，三、兩名工程師緩緩踱步經過，等待中午一頓豐盛午餐；這是我最興奮的一天，因為我終於即將離開這安逸的工作環境，趁未回台北前用光身邊積蓄全力一搏創業。這一天，我和來自印度、韓國、中國大陸的工程師同事一一握手道別，他們個個滿臉堆著笑容，充滿感情的說：「good job」、「catch you up later」、「keep in touch」，但我心裡在嘀咕，唉，除了幾個要好同事外，跟剩下這些人根本不可能永遠保持聯絡。我們生命中，要嘛就是好朋友，要嘛就是陌生人，像這些「半

生不熟」、曾經在生命某點交錯的舊同事、舊鄰居，縱使
未來我們會記得他們，卻再也沒有聯絡的管道，很有可能搬
家、換電話，也沒有理由突如其然的「say hi」。當時我們已
開始知道「六度分隔理論」並以Linkedin、Orkut來拓展交友
圈——從126人到12,600人，其實我們自己從出生到現在，身
邊認識過的人，肯定已經超過12,600人，而且這些人由於曾
經認識，肯定比陌生的12,600人還要有合作價值！

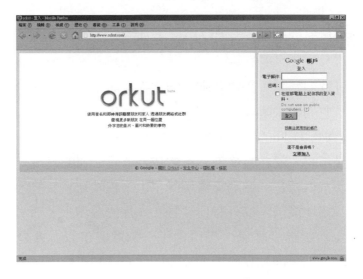

所以，我弟弟和我在2003年推出了「KeepInTouch.com」
（化名），主要的目的是要提出一場人際革命，讓我們每個
人的交友圈可以從身邊的朋友拓展到所有曾經認識過的人，
而這些曾經認識過的人，我們可用網路的某種「非侵略性」
（non-intrusive）的方式，與他們保持某種無感覺的聯絡，
不會怪怪，不會羞羞，也不會煩煩。我們把它列入開發清

單，在上一個點子遇瓶頸告終後，立刻投入資源開始製作
「KeepInTouch.com」。

　　當時我們就發現，在歐洲有個叫做Bebo的小網站，也
在做「Keep in touch with Friends」！雖然它小小破破的，我
們仍視它為最大競爭者，不過也因為它在歐洲，我們覺得還
OK。後來我與弟弟意見有些不同，他認為應該做一些CIM
（Contact Information Management）的附加功能，專注在青少
年市場；我則認為不必囉嗦，只要做單一的「KeepInTouch」
功能，專注在上班族及需要人脈者即可，無論是哪一種，後
來大眾反應並不佳，會員數寥寥無幾。

　　不過，儘管會員數寥寥無幾，我們卻發現有些網友衝進
來留言，似乎都以為這是一個交友網站才「誤闖」進來。這
些網友真的為數眾多，男女都有，皆是年輕人，不約而同的

問我們：「你們可否再提供更多的交友功能？」但我們覺得，這一批人並不是我們當初預想的目標族群，因此並沒有理會他們。

過了一年，我弟弟又再次無意間再回到Bebo站上看，發現一件事，它，竟然改頭換面了，變得長得就像MySpace、Friendster、Yahoo!360、Hi5，開始轉型做當時的年輕社群交友網站的「紅海市場」，當時我和弟弟並沒有意會到Bebo其實可能也收到和我們當初同樣的「交友市場龐大」的訊息才做如此大的轉變，我們的反應仍然是：「哼，這些人不是我們的目標族群。」

然而，才不到一年的時間，我們就赫然發現，Bebo竟然開始上新聞了，Bebo的會員數也爆增至5,600萬人，總瀏覽頁面數達到10億頁次，成為當年成長最迅速的純社群網站之一。就在同一時間，社群網站市場突然爆發出一連串的購併風潮，首先是MySpace以近6億美元賣給NewsCorp，接著是Facebook竟然拒絕了10億美元的併購要求，然後，出現了Bebo的消息，有人出價5.5億美元（180億台幣）要買Bebo，而這個offer，竟然被Bebo給拒絕了。

這個教訓不只是給我們，也是給眾多的網路創業家與有興趣研究「網路效應」聚眾術的朋友們，「社群網站」一定是要配合群眾的需求，而不是照自己想的做就算。有時候，如何啟動「網路效應」，應該多多傾聽網友的需求，網友們其實都已經告訴我們答案了。同樣的聲音，我們選擇忽視，Bebo卻選擇調整並回應，直接去擁抱最寬廣的社群交

chapter 6

友市場，也成功的啟動了一場驚人的「網路效應」，短短兩
年內就看到了美麗的煙火，從「0」到「1,000萬會員」，從
「零」到「億」！

YouTube

如何在一年內達成每日 1億觀眾？

　　YouTube可說是網路界有史以來成長得最快的網站，這個不知從何而來的網站才創立了短短一年五個月，就從一無所有，變成每天有1億人次下載的龐然巨站。它一度連續好幾個月蟬聯全美國成長最快的網站，至今仍然不斷的成長，每天有65,000支新影片上載，流量增速也比另一網站MySpace還快，而在2007年中，更是終於不負眾望、穩站住了全美排名第4網站的寶座，僅次於Yahoo!、Google和MSN三隻大怪物。最可怕的是，它在一片競爭激烈的戰場中，竟可以打敗其他300名競爭者，從一無所有，搶到了40%的市佔率，並於最近更宣布已達60%市佔率，漸漸的一統影片網站的天下！

　　最令人津津樂道的（也是很少人注意到的）是，在YouTube推出的當時，其實**已經有至少20家以上同類型的上載網站**，都是在做和YouTube大同小異的「影片上載服務」，也就是讓網友可以自己上傳影片，再將影片分享給其他朋友的網站，這些競爭者中更不乏背後有強硬金主、大廠的，也就是說，YouTube所在的領域，在它開站時早已經是一個標準的「紅海戰場」。而且，如果說到玩線上影片，台灣老字號的Webs-TV在當時已經玩了六年；如果說到「玩」家庭影片（Home Video）的分享，知名電視節目America's Funniest Video更是早在二十年前就出現了。很顯然的，YouTube的起飛，和一般網站因為是「第一個推出者」（first mover）而獲勝的傳統模式很不相同，也因為這樣，YouTube的成功史值得我們好好的研究，或許可萃取它的精華來尋求複製在更有用的地方。

它是靠運氣嗎？

不是，它是靠「網路效應」！由於一個網友拉一個網友、一個影片影響一個影片的「網路效應」，YouTube才能以這麼快的速度，打敗競爭者。問題是，YouTube的「網路效應」是怎麼設計的，又是怎麼啟動的？

更多人想問的是，為什麼YouTube這種「好康事情」會發生在矽谷中灣的San Mateo，而不是發生在我家？包括Google在內的大企業僱用了這麼多聰明的策略分析師，為何最後還是得將機會讓給幾個30歲不到的年輕人？

一個沒人看到的引爆點

簡單的說，最後讓YouTube成功的吸引到這麼多會員、這麼多影片的「網路效應」，完全是因為YouTube的兩位創辦人，發現了一個**其他公司沒發現的「甜蜜點」**。而YouTube到底找到了哪一個「甜蜜點」，啟動了哪一種「網路效應」？

這背後還有一段有趣的故事。

大家都知道，YouTube的成功故事已成今日網路界的成功典範，但這個典範，其實不是在於他們多有先見之明，事實上，他們的成功故事，還透露了他們其實「沒有先見之明」。「沒有先見之明」沒有什麼好丟臉的，除非手上有一顆可以預測未來的水晶球，不然誰可以有先見之明？但很少人領悟這一點。創業家通常總是非常固執的，有一個點

子，就深信它一定會成功，直到跌到人仰馬翻、撞得鼻青臉腫才會罷休。但YouTube和其他固執創業家不同的地方是，YouTube的創辦人「自知」自己就和其他創業家一樣，對未來無法掌握。他們選擇了「尊重未來」。

　　時間回到2005年3月。

　　當時，正是YouTube準備籌設開站時。創辦人看到已經有這麼多影片上載網站，影片上載市場如此熱鬧，他們很快的做了一個決定：「一定要做出自己的特色！」這招和一般做生意的方法可說大相逕庭。理論上來說，既然影片市場這麼大，現在又還沒發揮，我們應該先做一個「陽春版」的影片上載網站，儘量給更多人使用，然後再看看有沒有更細節的機會，但YouTube卻決定避開競爭，在大市場都還沒啟動之前，就想做出自己的特色小市場。

後來，證明這個動作是對的。這個正確的第一步，不但馬上就讓YouTube和一大堆影片上載網站有所不同，也猜對了一件事。事實上，雖然這麼多影片上傳網站在那邊，但這些網站根本沒有抓到「影片的美好」；它們不被使用，並不是因為家用頻寬不夠大等等客觀的因素，而是這些網站的設計，整個都沒有打中「甜蜜點」，於是整個市場都很「淒迷」。

YouTube反其道而行，一開始就打算做一個「特殊版的影片上載網站」。當時他們第一個點子，原先想學相片評比網站HOTorNOT，做一個「影片版」的評比。

這時候，剛好也碰到YouTube第三位創辦人Jawed Karim離開公司，到史丹佛念書去。Karim離開的可能原因很多，但假如他知道當年這個決定可能讓他領的錢，從100億「縮水」成1億，我相信他應該會有些不一樣的決定。因此，從第三位創辦人的離開，我們可以推論，當年的YouTube，連創辦人自己都不知道成功點在哪裡！

年輕創業家看到第一波並不如預期的成功。他們倒也沒花太多時間在這不怎麼成功的點子上，決定立刻轉向，繼續思考其他新的點子。這個轉向，不但讓他們避掉了閉門造車、造出一輛沒人乘的車的命運，還讓他們順便「猜」到了那個甜蜜點。

這個甜蜜點，一切源起於某天突然間的靈機一現：**「可不可以將影片整個『嵌』在網站裡？」**

靠「嵌」一個字引發網路效應

有了這個想法，YouTube研發出用flash的方式，把他們的影片，「嵌」在網站與部落格裡。這招讓影片可以更輕鬆漂亮的放在YouTube官方網站，並享有若干好處，也可以輕鬆的嵌在YouTube之外的「個人網站」。

這是什麼意思？假如你今天在YouTube上找到一段影片，你可以將那段影片直接「嵌」在任何一個網頁裡。比如說，我可以將自己上載的寶寶影片，嵌在自己的部落格，網友來到我的部落格，只要按一下影片框框上面的那個向右箭頭，馬上就可以在那個框框內播放，不必再勞師動眾回到YouTube母站觀賞。

就這個動作，就「嵌」（embed）一個字，讓YouTube引發了一連串的「網路效應」，讓它在短短一個月內，勢如破竹，「YouTube影片」在網際網路上整個蔓延開來。

有趣的是，「嵌」的這個甜蜜點，並不是網路上的新招，卻從來不被當作是「甜蜜點」，反而被當作是「惡魔點」。

原來，一般網站站主，並不喜歡網友將它裡面的相片、影片、聲音直接放在使用者的網站，這樣的動作被網路界人士怒稱為「盜連」。「盜連」分為兩種，以圖片來舉例，第一種是直接放個超連結連向母站的某個圖片，稱為「deep linking」，網友只要輕輕按下去，就可以直接跳過任何母站的擺設，直接觀賞那張相片。另一種是更可惡的直接抓取

相簿網站的相片嵌在自家網站內，網友根本不必點擊，直接就可以在自己網站觀賞到原置於母站的相片，稱為「hot linking」。無論是哪一種，都會增加相簿網站伺服機的負擔，流量無法導入自己官方站內，不能做廣告，連個品牌都打不出去，因此「盜連」一直被每個網站視為嚴格禁止的「惡魔」。

在「相片」的世界裡，盜連的問題很是嚴重，只要在網站中註明相片的位置，就可以輕鬆把別人家的相片「嵌」在自己的網站裡，供自己的網友觀賞。但「影片」呢？還沒有盜連的情形。

YouTube反其道而行，做了一個好用的「盜連影片」工具給廣大的網友，讓他們上傳影片到YouTube，卻可以不必到YouTube.com去觀賞。到底，這樣的「嵌」是有什麼了不起？為何會有這麼奇特的效應？

一般認為，**「嵌」的效應，可分為三個心理的因素來描述：**

第一，東西留在自家裡：人人都想把東西「留在自己家裡」，網站站主花了很多力氣，設計出有自己風格的網站，但由於之前技術沒這麼好，所以影片上載網站仍要求網站站主上載影片後，得回到那個網站裡去觀賞影片。問題就來了，我設計了一個黃綠色的美麗網站，我的觀眾點進「我的影片」，卻突然被帶到一個設計完全不同的影片網站，感覺就不好了。之前有些網站試著讓站主可以自己設定那個頁面的顏色，但整體設計依然和原來的網站不同，整個逛站的體

驗會出現中斷。站主認為,上載影片並未幫自己網站增添色彩,反而帶到另一個網站去。直到後來YouTube發明可以「嵌」影片,才改善了這個感覺。

第二,誘發了收集的衝動:東西如果能留在自己家裡,自然會讓人有「收集」的衝動。一切的東西都是自己的,擺在自己設計的首頁中,這能誘使更多人樂於將自己的內容物上傳到YouTube,更完整、更有系統的收集影片。

第三,不用錢的品牌宣傳:影片留在自己家裡,也加強了和別人分享的機會。影片不見得是自己拍的,但看到喜歡的,就可以嵌在自己的網頁中,無形之中就讓更多人看到了這則影片,以及上面大大的「YouTube」的招牌。這件事對於當時沒人聽過的YouTube可說是關鍵,讓它不必有任何行銷預算,就可以很輕鬆的散播出去,讓很多網友都開始認識YouTube。

從「轉寄物」下手,讓一人傳給更多人

另外,YouTube推出的「嵌影片」新招之所以能啟動網路效應,也和所謂**「轉寄物」**有很大的關係。所謂「轉寄物」,就是當我們發現一個好東西,想要將它分享給四周好友,我們一定會轉寄一個「超連結」給對方,讓對方自己去看。這個超連結就是一種「轉寄物」。

人與人之間在網際網路上的聯絡中,有三分之一以上的內容都可以被歸類為某一種轉寄物。「轉寄物」不一定只是

一段超連結、一封E-mail、一張圖片或一句話，很有可能是好幾樣東西的綜合體。比如說，在還沒有YouTube的時候，我看完一則精采的影片，大受感動，可能會在下面留一句話：「這則影片真讚，讓我想到，英雄所見略同這件事！」然後將它轉寄給朋友。

這時候，我有三個選擇：

第一，我可以把這則影片的超連結直接轉寄給朋友。通常會這樣做的人是表示他喜歡簡潔，不要囉嗦，只將最重要的寄給朋友，剩下的可能由我自己和他解釋，或者由朋友自己去詮釋亦可。但，這種做法的缺點就是，朋友只看到影片，看不到任何其他你想要給他看的評語。

第二，你可以把那則「英雄所見略同」寄給朋友。但這樣的問題就是，對方很有可能看都不想看，因為只看到一堆字和超連結。就算我興致勃勃的將這句話寄給朋友，但要看到影片，還得按下另一個超連結，最後會發現按下去的人其實不多。

第三，你可以把「英雄所見略同」和影片的連結，兩個連結一起寄給朋友，這樣的話或許會比較容易。但自己需要準備較多的解釋，通常比較少人會這麼做。此外，朋友接到後，也同樣面臨需要轉寄兩個超連結還有你的解釋的問題。他們的轉寄意願也會較低。

而，YouTube透過「嵌」的方式，等於就把「轉寄物」整個連在裡面了。這樣一來，讓這整個有趣的東西，合為一體，大幅提升了轉寄意願。也就是說，YouTube的「嵌」的

設計，很有可能讓它站內的影片，**享有比其他的類似網站高了10、20倍的「轉寄率」**。當一個網站的轉寄率這麼高，一個傳十個，十個傳百個，網路效應輕輕鬆鬆就擴散出去，YouTube當然也像細菌般的傳播出去！

一場證明「嵌」的轉寄威力的實例

2006年8月30日，我親身目睹了一場因為「嵌」而「轉寄」的威力。

這件事開始於8月30日下午3點56分，我表哥寄來一個超連結，我仔細一看，連到一個叫做「魔術方塊」Rubik's Cube的部落格。表面看起來，這是一個滿普通的Xuite部落格，不過這個超連結卻帶我直接來到一篇叫做〈熊貓媽媽，挫一下〉的文章，裡面不偏不倚「嵌」了一個黑框框，正是一個YouTube影片。我點了點那個右箭頭，馬上就在這個部落格站內開始觀賞。

那則影片真的沒什麼，就是一隻熊貓媽媽在吃餅乾，旁邊睡著一隻好小的小熊貓，旁邊有主持人的配音，吃著吃著，突然小熊貓動了一下，把專心吃東西的熊貓媽媽嚇了一大跳，嘴巴張開，整個身體跳了起來，還發出一聲怪叫。這一連串逗趣的模樣，就如下面留言寫的：「好可愛！」、「好好笑！」、「好白癡哦！」

整則影片總長才15秒而已。我到此站旁邊的流量指標查看了一下，馬上發現了一件很特別的事：作者上載影片之前

（8月28日前），這個站的每日流量不到1,000人次，但到了8月29日（週二）版主上傳影片後，當日流量突然爆升到8,000人次，到了8月30日（週三），更達到18,000的不重複人次，可是到了8月31日（週四）又掉回7,000人次。

接著，我來看看8月30日當日的狀況，發現所有的流量幾乎都集中在半夜12點和下午1點兩個時段，兩個尖端非常明顯！

然後，我再去看referral（介紹參觀者連結來此站的網站），幾乎所有的referral欄都是「空白」，這3萬人都是自發而來的實在不可能，那麼是被什麼「幽靈網站」連過來的？

後來發現，這個「幽靈網站」有兩個，一個是「Windows Live Messenger」，也就是我用的即時聊天系統。另一個則是青少年最愛的BBS聊天室PTT，據說當天這個超連結被放在顯眼的地方。

回到8月29日下午3點56分，我的即時聊天軟體顯示我表哥寄短箋給我，我點開、看了影片，呵呵的笑了兩聲，要不是手上正有一封信未完成，我可能會按幾個鍵轉寄給我幾個在線上的朋友，而這一切都在短短1分鐘內完成，包括影片本身的15秒鐘。而，這就是全台灣從8月29日到31日，33,000名網友所共同在做的事情，在同一天內，用聊天軟體或聊天論壇的方式散播出去。不需要求爸爸告奶奶的版面，不需要和別人爭奪什麼，有了YouTube這麼方便的「嵌」的網站，再大的「轉寄物」也可濃縮變成了只要一個超連結，就可以送一苗夠嗆的火種到天空，爆發出絢麗的煙火。

　　這一場迷你型的網路效應，雖然只有短短一天的熱潮，卻等於是在幾個小時之內，透過互聯網實現了。由此也可類推，YouTube站內的一個影片都可以掀起這樣驚人的網路效應，那YouTube自己呢？難怪它在2005至2006年可以一直蟬聯全美國成長最快網站的寶座。

細菌般的影片

　　美國網路觀察者為了YouTube帶來的特殊效應，還將這種特別有感染力的影片稱之為「viral video」，也就是**「病毒般的影片」**。

　　大家都知道，當數位攝影機愈來愈熱門，影片網站一定也會跟著熱起來。但有一個包括創業家、創投、Google、教授學者、大家都不知道的大祕密就是：原來，影片不但會有很多人上傳，還會吸引很多人「轉寄」！原來，影片可以是一種感染力特強的細菌！**影片不只是拍攝、觀賞而已，竟然連「分享」影片這件事情，也這麼有感染力！**

　　曾經有一個研究，比較過代表「影片」的YouTube與代表「相片」的Flickr兩個網站的成長歷程，他們發現，YouTube的頁面瀏覽次數（Page View），很快就超過了相簿網站Flickr，雖然這件事也多多少少是因為YouTube當年競爭者比Flickr少很多，且Flickr大量使用AJAX技術可能降低其Page View，但影片是「病毒之王」無庸置疑，而且「影片比相片還毒」、「影片比文字還毒」！總之影片就是讓

人很想去散播、去流傳，它是一個心理病毒，透過人的滑鼠與鍵盤四處擴散。這個現象，就算哈佛大學的社會心理學家大概也不曾發現過。搞到最後，人們會因為某影片而認識YouTube，至今香港與中國大陸內地仍以「巴士阿叔的YouTube」來稱呼YouTube，當旗下次產品紛紛發揮自己的感染力，則原本母網站只會更成等比級數迅速發展，「viral video」以爆炸速度繼續蔓延。

為何影片會像病毒？因為觀眾在觀賞影片本身時，總是以很輕鬆自在的心情，它是「觀賞型」的服務。而一般的上網環境，其實比較適合「工具型」的服務，我們為了某些目的而上網，就算只是讀新聞，也是為了某些目的。但看影片就不同了，可說是整個網際網路上最接近「電視」的東西。它不必scroll down。不必動滑鼠，直接觀賞，也因為這些影片設計讓人在忙碌的電腦生活中抽空觀賞，因此這些影片和一般的電視節目有所不同，首先，長度短了許多，通常不會超過20分鐘，而電視節目至少要半小時。第二，通常是幾乎無廣告或少量廣告。對於使用者而言，什麼時候看都可以。

90秒的主人

「什麼時候看都可以」，就讓影片可以繼續稱霸網路！

電腦的操作環境，看電視不怎麼適當，但是，看短片絕對是好主意。

我曾在網路上提出，影片早已成了新網路的第一批「90

秒的主人」。那些從YouTube為首的「viral video」所學到的
影片製作者（平民、專業的均是），已經知道最精采的影片
要縮短在90秒鐘左右完成！

　　譬如，美國的網路上曾出現一齣設計精巧的玄疑新片，
叫做《Sam Has 7 Friends》，標題有夠聳動：「Sam有七個朋
友，就在2006年12月15日，其中一位會殺了她。」還有一個
時鐘在幫Sam計算他死亡倒數秒數。這麼血腥的開場白，不
外乎是想讓觀眾立刻開始點擊觀賞，而它的每一集，恰恰符
合「90秒」規定，據說片長皆為一分半鐘（90秒）。這麼短
的片子，符合了網路上隨點、隨選、隨看、隨享的需要，而
製作人樂於發展這機制，因為「90秒」真的是個剛剛好的時
間單位，可以放在iTunes上供人下載，可以儲存在手機隨身
一帶就走，更可以在上班時候趁空觀賞，不必怕老闆說你在

打混看電影！

搶這個「90秒的主人」，還包括其他偽裝成平民影片的專業影片，譬如四個月前開始在YouTube定期自拍的一個外國女生「LonelyGirl15」，後來主動宣布，此片是由專業的演員、編劇、導演所拍攝的，也果然達到他們宣傳的目的。這樣的趨勢下，有一天，電視節目或許將比照著這樣「每集90秒」的方式拍攝。

同樣懂得搶趨勢的另一位「90秒的主人」，是移民加拿大溫哥華的大陸女生DODOLOOK，什麼都不必做，甚至不用打開窗戶讓大家看加拿大的風景，只要讓大家好好看看她的臉，看她輕哼著歌、跟大家說早，不必任何複雜劇情，只要短短的90秒，結果比任何新聞被更多人同時點播收看。

適合轉寄的effect

美國傳出一個詭異的搜尋網站，叫做「得薇小姐」（Miss Dewey），我們不知道這個站是幹嘛的，但顯然這位小姐已讓網路上不少人因此癡瘋了，在討論區處處可看到網友建議大家試試各式各樣的搜尋關鍵字交給這位美國人眼中的靚女查一查，看她會不會表演什麼新花招：Bill Gates、Xbox 360、Channel 9、halo、video、colt 45、men、bondage、police……，「得薇小姐」也被觀眾digg了247次；而網路輿論對這個實驗性網站的看法大多圍繞在搜尋引擎的下一代與美女的重要性，將它與Lexxe、Speegle等怪怪搜尋

引擎同聲齊名。

　　這類型的服務，我稱作新一代的「影片介面」，這樣的介面，將逐漸開始影響網站設計。

　　從前的網站設計思維，注重的是「愈快愈好」，呼叫一個網站，只要枯等超過5秒，這網站就不合格了，所以我們看到Google一開始就要把幾十台機器塞在一只疊架（stack）裡，為的只是趕在我們鍵入「Google.com」的那十分之一秒之內，把整面Google跳到我們面前。

　　這現象反映在數字上，以國內最大網路市調機構創市際公司2007年初的調查報告來計算每一頁的平均停留時間，可發現前三名網站Yahoo!、無名小站、PChome三家皆不到90秒

的三分之一（30秒）；大部分網站都在30至60秒之間，只有純新聞網站如UDN、東森新聞、中時電子報、自由電子報或閱讀網站如「小說頻道」，有機會逼近60秒；而能挑戰90秒的網站更非常稀少。這樣的數字，顯示現在的網站的功能就像點餐櫃台、郵局窗口，一個指令一個回應，沒有指令就沒有回應。

但，「影片介面」可望拉長這個時間，未來，這個數字或許將延長至「90秒」。「90秒」將成為網站的新單位，網站是未來每人每天面對的畫面，在公車中、電梯裡、汽車上都要面對的畫面，一個指令一個動作的時代已不敷所需，網站進入更高品質的服務層次。人們遲早會感受到，「搜尋」只是生活的必須之一，真正讓人們願意花時間的是一種沉浸在其中享受的感覺，如果能一邊使用、一邊享受就更棒了，未來在AJAX與Flash技術交錯發威下，互聯網會愈來愈像這個「得薇小姐」，充滿了動畫，不急著給你答案，不再做什麼都只有一進一出、一問一答，而讓你從進門到出門都賓至如歸的充分享受到。它讓你選，選完後就給你90秒的服務（當然可以中途截斷），然後再選，如此這般重複下去。

Justin.tv，以真人秀出場

另外一個影音網站實例，則是舊金山前陣子出現一個新網站叫Justin.tv的真人秀，進去一看，就像電影「楚門的世界」劇情，這位Justin先生從2007年3月19日開始，24小時都

戴著一頂帽子，耳朵上方架了一只長條型的無線攝影機，無論Justin看到什麼風景，做了什麼事，見了什麼人，說了什麼話，都會全部一秒不漏的透過網路傳回主機，即時播放給整個互聯網觀賞。若要出門的話，Justin永遠得背著一只登山袋，裡面裝著電池和充電器材。

這個點子吸引許多人好奇的觀賞，還有人定期去看。他們一邊看一邊還問：

「尿尿怎麼辦？」

「睡覺也開著嗎？」

「會不會很煩？」

Justin說，尿尿，只要把攝影鏡頭往上一翻去照天花板就可以了，至於睡覺和很煩的問題，他沒有直接回答，答案反正也很明顯——你來觀賞就會知道了。

　　這個想挖「影片細菌」市場的點子，其實之前早有DotComGuy、JenniCam，一直到最近都還有OurPrisoner.com試著做真人live秀求一爆紅，但Justin可算是第一個可以把攝影機帶著四處趴趴走的人，而且他的行程排得很有趣，包括跑去見ShoutFit、PairWise、LicketyShip等其他網路公司暢聊。

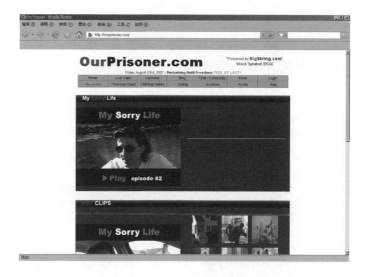

　　有趣的是，才過了幾天，這個justin.tv就出了「大代誌」，原來，Justin為了效果，還不忘留一支手機號碼在網路上，增加與觀眾的互動，不料，樹大招風，四天後代誌大條了，某位無聊網友盜用這支手機caller ID報警，說家裡有凶殺案，舊金山警方查了手機號碼發源地，馬上真槍實彈的把Justin所在的小公寓團團包圍，攻堅進去，什麼凶殺案也沒，只有一群打電腦的年輕人和滿地吃剩的披薩與可樂罐。這段

過程當然也被當時在屋內的Justin完全拍下，成為觀眾意外撿到的大驚喜。

　　當時，上演了一週餘「真人秀」，這位Justin先生還來到位於美國矽谷史丹佛大學的一個演講場合。Justin看起來並不疲倦，還精神飽滿的頭戴攝影機和好奇的觀眾聊天。我在矽谷做網站創業的弟弟剛好也在現場，和他哈啦了幾句，好笑的是，我弟發現，Justin和一般人說話的行為不太一樣，可能是為了攝影效果，才說了幾句，就要故意東張西望一下，就好像攝影機一樣，想把環場效果拍出來；然後，偶爾還會突然慢慢的靠近你的臉，又慢慢的拉遠，顯然是電視上的zoom in、zoom out效果，當然，當天所有與他哈啦、換名片、講話甚至並肩上廁所的人，包括我弟在內，都成了全球上萬觀眾的真人秀電視主角！

以影片為主的獨立網站

　　講到影片的未來機會，一定要講到「影像部落格」（vlog），影像部落格之中，也因為這樣吸引了一些人以影片為主軸來包裝自己的網站。比如最出名的就是Rocketboom。它是一天五分鐘美女播科技新聞的影像部落格網站。

　　不過，值得注意的是，雖然影像部落格已算掀起潮流，但目前的分工機制多落為「攝影師兼影片後製、主持人兼企劃編輯」這樣的分工方式。事實上，影像部落格不需要這麼

專業,更有趣的,應該是由一些有共同想法的人,一起平行的去製作經營一個影像部落格,或許各製作人分住在世界幾個點,同步貼上關於自己生活周遭的影像故事。

既然影像可以成為「細菌」、既然它可以促成很快速的「網路效應」,因此我一直都很看好某種型態的vlog,由好幾位藝術工作者共同製作,在同一個主題之下,頻繁地更新內容。藝術工作者其實某種程度上也是一個創業家,但創業家最忌諱的就是裹足不前。創業之路有如迷霧深奧,任何人都無法予以指導,只有自己可以「做下去」來換取新的視野。等到自己的作品已經完美,所有後製都完善了,自己也已經寫不動、畫不動了,最後也失去了原先那股原創衝動的原味。這就是網路創意家有時碰到的問題:愈包裝,就愈不好看。而部落格,剛好讓創業家能「有什麼就放什麼」,抓住當初讓自己悸動、讓自己瘋狂的那一點點感覺,也可以把這小小的感覺,透過無垠的網際網路,發揮「網路效應」,感染給全球的觀眾。

現在,全球網友閱讀部落格已成習慣,我現在更是幾乎每天都會收到各地朋友轉寄來的YouTube影片,裡面很多只像America's Funniest Video那樣的家用V8搖搖晃晃中所拍攝的作品。藝術工作者應該群起自製部落格,以共同部落格的方式,降低個人的工作量,讓影像部落格天天就像超級報紙一樣的內容豐富,送到全球網友的面前。這,可說又是一個充滿爆發力的藍海策略。

無名小站

如何創造7億台幣價值？

chapter 7

　　國內網際網路界在最近幾年最令人驚喜的併購案，非「無名小站」莫屬。在國內龍頭網站Yahoo!奇摩以7億台幣左右將無名小站併購前，無名小站曾經是全台灣第二大網站，到達率高達63%，也就是說每1,000萬個台灣網友中，有630萬人會觀賞或使用無名小站。後來無名小站更一度榮登全球的Alexa流量排名第32名，為全球第二大的部落格空間提供者（Blog Service Provider，簡稱BSP），僅次於Blogger.com，成為國際矚目的大型網站。這個排名數字可謂非常驚人，因為台灣只有區區一千多萬名網友，人數之少，只及韓國的一半、日本的八分之一、大陸的十二分之一，更是英語市場的四十分之一左右，卻可以「養」出一個流量如此龐大的「有名大站」，可見無名小站的會員「黏度」之高。

　　後來，無名小站面臨著成員年輕化、程式基礎不足的問題，使得它常常成為受攻擊的標的。好幾位在無名小站開站的部落客，曾經鬧過要離開無名小站，搬家到另外的部落格。當大家都以為無名小站可能從此走下坡，它的數字卻顯示，這個網站愈挫愈勇，至今依然屹立不搖。

　　無名小站的種種，除了是台灣網路人茶餘飯後的聊天題材，也是很值得研究的「網路效應」的成功案例。

　　台灣的網路風氣如此之差，怎麼可能自己培育出流量這麼大的本土網站？

　　無名小站以學生起家，面對財力雄厚的集團競爭，為何仍能一路領先？

　　在網友心中，無名小站有許多漏洞與缺點，為何照樣成

為如此大型網站？

　　無名小站是如何利用「網路效應」，在茫茫的網海中築起一個結實的新堡壘？

無名小站的崛起與爆紅

　　關於無名小站當初崛起的原因，坊間有很多分析、很多說法。但回歸到一點，和台灣網路界的「BBS文化」有很大的關係。全球每個國家都有類似BBS這類的「聊天室」、「論壇」、「討論區」，讓年輕人在上面分享資訊、討論議題、交流交友，但全球目前沒有任何地方如台灣，竟然還有眾多的大學生仍停留在「Telnet時代」，以Telnet的小視窗介面來使用BBS功能。假如到目前台灣的各大專學院走一遭，問問大家上網都去哪裡，十之八九都會告訴你：「BBS」。

　　但，這個BBS介面有一個很明顯的問題，雖然它的速度快，但永遠就只能顯示「文字」，不能像一般網頁一樣，自由自在的顯示「圖片」。這些年輕學生有時想展示一下畢業旅行的相片，有時想分享一下可愛狗狗的新裝扮，或秀一下昨晚排隊排好久才吃到的一碗可口八色刨冰，這些相片要怎麼與其他網友分享呢？年輕學生只能到BBS站的相簿網站上載相片，再將那張相片的超連結放到BBS上。據說，當時對「相片」需求最大的是國內最大BBS站「PTT」的「Beauty版」。「Beauty版」的主題為介紹美女與帥哥，當然一定要放相片，才會「有圖有真相」，剛好在這時候，無名小站除

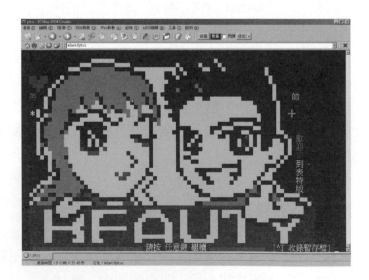

了本身有BBS服務，也自己開了網站提供相簿功能，很多網友就到當時才剛創立的「無名相簿」貼相片，因而為無名小站的網路版掀起了第一波的使用熱潮。

接下來，是「個人部落格」的興起。部落格又名「網誌」，就是在網路上寫日記，雖然部落格這種東西是非常「個人」的，申請哪一家的BSP並沒有太大差異，但我如果可以選擇的話，當然應該會想找一個「大家都在用」的BSP，打造我的個人部落格空間。無名小站從一開始就是名氣最大的部落格提供者，因而在新使用者吸取方面（new user acquisition）佔了優勢。

另外，有些BSP不小心忽略了現今網際網路「個人化」的需求，雖然免費提供網友擁有自己的部落格空間，卻仍掛著自己的招牌。比如Xuite的頁面標頭就將自己的logo橫跨在使用者自己部落格的前面，不甚好看；明日報新聞台則一直沿用2000年時的成功版型，將明日報新聞台高掛在上，直到好幾年後才讓部落格的主人自行設計頁首。無名小站儘管並不是設計得最好的BSP，但它至少在「讓網友都有自己的一個窩」這件事上，是第一個達成使命者，於是，它永遠都是網友心目中的首選了。

台灣部落格與美國部落格的超級比一比

無名小站雖然漂亮的崛起，卻並沒有直接將它帶往絕對成功。它的崛起並不是靠一傳十、十傳百的「網路效應」，

但其後續的發展與成長，卻處處充滿了極具磁吸力的「網路效應」蛛絲馬跡。

首先，我們要知道的是，假設無名小站在台灣的「到達率」平均為60%好了，這個60%和其他網站是完全不一樣的意思。怎麼說呢？假如我們說PCHome也是60%，大部分的網友都是直接到PCHome旗下幾十個網站的其中一個。但無名小站不同，它的60%到達率是由幾萬個個別的部落格所組合而成的，對許多部落格讀者而言，他們根本不管這個是「無名小站」還是「有名大站」，他們只是某一個部落格的讀者，因為他們過來拜訪了這個部落格，所以也被計入成為無名小站的拜訪者之一。

這件事告訴我們的是，我們要做網站，可以選擇自己做一個網站，也可以選擇做某種「部落格集合」，也就是「BSP」，以這些部落格為武器。就算無名小站的首頁沒人要來，大家還是跑來看這些部落格寫作者的個人頁面，只要在這些人的部落格擺上一篇廣告，照樣可以坐收廣告營收。

但，我們希望更進一步的將無名小站的成功，**詮釋為「部落格的成功」**。

互聯網上的英文閱讀人口，如果直接拿美國、英國、加拿大、澳洲、紐西蘭、印度的互聯網人口加起來計算，大約是3.2億人，然後再拿來跟繁體中文的網路人口（台灣加香港）的1,800萬人大約比較一下，大約是18比1；而部落格的人數，如果拿台灣的重灌狂人Briian和美國的Michael Arrington某一日的數字來比一比，重灌狂人Briian該日有1萬

9千9百名點閱數，Michael Arrington則有34萬Feedburner訂閱
戶，大約也是18:1。這樣的情況下，我們可以大致推論，台
灣的部落格的人氣，與美國的部落格的人氣還真的算是大略
旗鼓相當的！

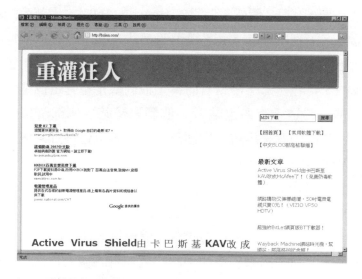

　　但，我們來看看Technorati的前10大（英語）部落格排
行榜上，有高達8個部落格已成公司行號，並且以「共筆」
的形式一起經營，而其中前5名，若以數字來打成績更是驚
人：Engadget已經累積2萬篇文章，Boing Boing每月有200萬
Unique IP（重複低），TechCrunch每月廣告收入300萬台幣，
Huffington Post更已經取得1.6億台幣的創投資金。值得注意
的是，這些數字對於我們個人部落格而言真是燦爛的夢想，
但對於真正大企業而言，他們才看不上這種「小數字」、
「小金額」，但美國部落格既可達到這些成績，表示它有一

定的價值存在，這也意味着，台灣部落格還有許多空間可以發揮。目前「部落格觀察」排行榜的台灣前10大部落格仍以生活類、漫畫類、特殊喜好相關的部落格為主，假如注入更接近主流媒體的「專業」，該會成為多大的勢力！如果更進一步的公司化、共筆化，又會發展到什麼樣的璀璨前景！

因此，我在各處演講老愛提到這件事。雖然台灣的網路創業疲軟不振，但台灣的部落格界真是非常活躍，寫的人多，讀的人也多。所以，**「部落格」可說是在台灣啟動「網路效應」最容易的管道**，因此值得我們再進一層的深究，由部落格所產生的「網路效應」，究竟會長得什麼樣子？這場「網路效應」又該如何啟動、如何操作、如何管控？

部落格的超級網路效應

我在2006年曾提出「部落格的新價值觀」，引起業界迴響。

當初是從美國知名部落格TechCrunch那邊，看到它從2007年7月起開始在網站擺放Sitemeter，此舉形同公開了它的流量內容。據該站的Sitemeter流量報告顯示，TechCrunch每日平均拜訪人次竟然只有43,362人，到了週間（週二、三）大約一日可達5、6萬人，到了週末則掉至不到25,000人，這樣計算下來，每月平均造訪人次為130萬人，這些是真正點進網頁的人數，實際讀到TechCrunch文章的人數其實還要加上RSS閱讀，但在一定要實際點進網站才能看到廣告的情況

下，目前它的廣告費用一個月是6萬美元，這個意思是，每個使用人次進去看一次，就帶來大約5角美元（5 cents）的價值。而且注意：以它距四個月前的訂閱人數又增加了兩倍以上來看，我想Michael Arrington又快要可以大幅調漲他的廣告收費了。

重要的，不是TechCrunch憑這一點流量竟可賺這麼多，而是，為何台灣的其他部落格賺這麼少？

拿彎彎來說，每天約有8萬以上人次前來造訪（關於她每天的拜訪人次眾說不一），已經是TechCrunch的三倍之多，而彎彎部落格每篇文章平均都可吸引兩、三百則留言（儘管其中70%以上都只在讚嘆好可愛），不幸的是，雖然彎彎人氣是TechCrunch的三倍以上，但彎彎所有代言活動的收益加起來肯定是不到TechCrunch的三分之一。

　　這不表示彎彎賺得太少，而是TechCrunch賺得太多。我
認為，TechCrunch教了我們一點，就是部落格和一般的媒體
是不一樣的，和一般的網站更是不同。目前，大家把部落格
當作一般的網站在看，這是不妥當的，因為部落格不只是在
傳遞資訊，也不只在聚集人潮，它的最大特色在於，它基本
上允許了作者的偏頗、偏激言論，**造就了「偶像力量」**，就
好像講台上的牧師、電視機裡的藝人、議會裡的政治人物，
所以它的附加價值，應該是要比一般的網站還要高出很多！
也因為這個原因，部落格的流量應該又要比其他新聞網站、
入口網站、服務性網站還要意味著某種值得繼續挖掘出來的
「潛在附加價值」，因為流量代表了哪些部落客已經擁有足
以擄獲大眾的魅力。人性向來都傾向「媚人不媚物」，所以
「Michael Arrington是最棒的產業專家」的這種魅力的價值，

應該是超過「Yahoo!是最棒的入口網站」、「MySpace是最棒的交友網站」的價值！

部落格的價值比入口網站還高

如果從圖像的方式來想像，我們若將部落格的「經濟價值」放在縱軸，而「造訪人次」放在橫軸的話，我相信它並不是一條linear的直線，而是一條快速上升的曲線。部落格之所以會「破關」吸引這麼多人，表示有一定的受人喜愛程度；而它由於可以「破關」吸引這麼多人，表示部落客除了寫部落格，還可以產生其他的價值。Michael Arrington將部落格的價值，透過了幫廠商廣告來反映，但台灣這些比TechCrunch還大的部落格（如彎彎）的價值，應該還有其他可發揮的空間。

部落格除了中國大陸的徐靜蕾以外，大多數一輩子都不能達到如入口網站的流量，不過可幸的是，入口網站累積到一天100萬人次才能達到的價值，部落格可能只要5萬人次就可以達到了。

或許BSP應該好好剝削這樣的價值。當時我對台灣的「中時部落格」印象深刻，因為從「部落格觀察」的數據顯示，可以看到台灣目前前300名最有影響力的部落格是哪些。我淺算了一下，最多的是Yam樂多，旗下有55個部落格入榜；然後中時部落格有41個入榜，無名小站有35個（不過有6個入圍前20名），ITHome有14個，Xuite有15個，新浪部

落有9個，東森部落格有6個，Webs-TV有4個，另外還有12個跑到美國的Blogger，剩下的則是自己架站。當一般的BSP如無名小站、Xuite、Webs-TV以一視同仁的心態在面對部落客時，是不是該好好稱讚中時部落格的厲害。中時部落格一開始就只找在市場已有寫作經驗的專業寫手，並好好招待他們，為他們灌入流量，為他們舉辦茶會、印製專屬名片，於是中時部落格的總流量雖然和無名小站差這麼多，但在這三百大有影響力的部落格中，佔的比例卻比無名小站還多。假如上述的這套理論屬實，中時部落格的總潛在價值，說不定會超過無名小站。

「長尾2.0」的快速散播力

跟著上述的「部落格新價值論」，2006年，我也曾提出另一個頗有趣的理論。我看到Chris Anderson的「長尾理論」大紅，讓行銷人在「80／20」理論之外多了一個選擇；而另一個很容易引起「網路效應」的新趨勢是「Web 2.0」。我發現，將「長尾理論」的精髓與「Web 2.0」的技巧加起來，可以揉合成一種散播力既強大又快速的行銷武器，稱之為**「長尾2.0」**。

「長尾2.0」理論可說幫助「長尾理論」**解決了一個極關鍵的問題**：當年網路在還沒有起飛、一片「藍海」的世代，Amazon、NetFlix或許可以輕易的整合小眾、組合成大市場，但到了2006年，同樣的產業已成白熱化紅海競爭，要如何找

到心目中預設的那些「小眾」，並且有效率的整合它們？

　　前面曾提過，原先的「長尾理論」（The Long Tail）最重要的，是在強調「小眾市場可以拼湊成大眾市場」，所以此理論可運用在很多面向，可以整合在地（localized）小實體商店與大店競爭，可以整合小眾商品與大眾商家競爭，它可以用它撬入任何看起來已經堅不可摧的密實產業。可是，當初提出「長尾理論」者忽略了一件事！在2007年的今天，我們知道Amazon的客戶是哪些人，但這些人（包括我在內），在1994年可是渾然不覺他們在短短兩年後竟然會開始在網路上透過Amazon刷卡買書。

　　Amazon與Netflix出現初期，這群「小眾」是八竿子打不著的分別在自己的小族群、小城市、小框框中生活，這些小眾難以集結，因為連他們自己都不知道他們被歸類為這樣的

屬性。

　Amazon在創辦之初，人們根本還不敢在網路上買東西，使得它熬了好長一陣子並經歷了許多風險才成功的集結了各式各樣、各州各城、喜歡各類商品的小眾。

　而Netflix在創辦時更是如此，在它之前不知有多少家試著在網路上做電影下載或購買的公司，都沒成功，更何況是完全模仿出租店的東西。現在享受著長尾成果的Amazon與Netflix兩家公司，當初為了集結這些小眾，可都花了不少功夫。

　現在問題就來了，同樣的事情，還會再重演嗎？長尾理論反向的點出了Amazon、Netflix的成功在於集合了小眾，卻沒有說明往後該如何在其他更競爭的產業裡重演這樣的奇蹟，尤其是在網際網路上面。

小眾專家的「長尾2.0」

今天，網路上已經不再是幾千個網站，而是幾千萬個！空間滿佔，行銷不易，可以想的點子都已經想得差不多了，該整合的小眾也都整合光了，剩下的那些小眾，也比從前的還要更分散。如果無法找到這些小眾並快速的整合它們，長尾效應將淪落成只是教科書上的美好遠景。

要怎麼在不需注入太大投資的情況下，將長尾的「小眾」集合起來？

新興的「Web 2.0」，剛好就堪稱為「小眾專家」！Web 2.0強調「分享」，但建築在此「分享」架構上的，是很可怕的行銷機會。對於好產品而言，只要可以做成目前網站上容易「傳誦」的格式，如一篇部落格文章、一則90秒短片，透過評比網站、排行網站，讓全球的網友推廣來、傳誦去，可以使「整合小眾」這件事變得很簡單。

由這個出發點所延伸的所謂「長尾2.0」，就是利用各地區、各族群自己的聲音，代為整合「長尾理論」下的小眾，這樣一來，就可以充分的接觸到分散在各處的「小尾巴」。比如說，現代有所謂的「Digg Effect」，只要有好東西，不怕沒人推；只要有人推，好東西就會很快的被分享出去。透過Web 2.0中的Digg，便可以先行集結「小眾中的小眾」，讓某些人先愛上，代為推廣，由這群「小小眾」來教育周圍的小眾，將他們全部吸進來。相較於「長尾1.0」就是直接出去

喊：「來吧，加入我！」懂得用「長尾2.0」的創業家只是想辦法告訴一些各領域關鍵人士：「來，你們先來試試看，好用的話幫我推廣出去！」

若企業有興趣經營「長尾2.0」的網路效應，在台灣最簡單且有效的方式，應該就是透過「企業部落格」的方式來啟動。

什麼是「企業部落格」？在海外，尤其是新世代網路公司，官方網站出現「blog」超連結並不是奇怪的事，這個「blog」就是指向該公司的「企業部落格」。如果說門戶網站只像一盤火藥，那企業部落格形同把這些火藥做成火箭，而且是一支又一支的「小火箭」，每日每發一篇文章就發射一次，還藉其他部落客引用之力從世界各處同步發射，輕輕鬆鬆的在互聯網上面博得很多版面，也把自己的企業品牌藏在搜尋引擎裡，隨便一搜就搜得到。這些可以個別達到「小眾」的需求，讓小眾去自行聚合去「推」。

不過，玩企業部落格也有分層級。由於「部落格」這幾個字在台灣傳媒的曝光率很高，以至於企業很快就耳聞「部落格」大名，開始四處尋求部落格專家，為他們製作企業部落格，然而一般台灣企業又不願花力氣做這個本業之外的事，所以他們請專家開個價，將部落格全部外包給他，而且不只是框架而已，連內容也通通委託給同一人，希望他「要做就幫我全都做完」。但，部落格豈是這樣經營的！

因此，我們目前看到的企業部落格，好像都以「急功近利」型居多，通常是拿來配合某個短期的行銷企劃，寫幾篇

文章就沒了，不然就是專門對企業產品大幅的行銷，寫來寫去都是在寫產品。我們不常看到任何可以「獨當一面、自成一格」的部落格，經過長期經營，創造自身價值，然後再將這價值挹注回公司本身，甚至慢慢的擴展，形成可觀的「長尾2.0」效應的企業部落格。

如果，企業只當企業部落格是一種「便宜的行銷管道」，那對賓士公司、麥當勞、Staples而言，相信他們寧可花大錢砸廣告，砸出更大的效果。企業部落格其實可以做得更多，究竟能不能為企業製造出「用錢買不到的」的東西？如果可以，那它們的效益有多少，企業可以期待如何的ROI（Return On Investment，投資報酬率）？

再寫下去就有點離題，這，或許是另一本書的題材了。

總之，Web 2.0解決了長尾理論的執行面，而長尾理論也是Web 2.0的未來獲利機會。當「長尾」和「Web 2.0」相加，以「部落格」為中心的執行者，這樣貫穿下去，讓小公司、小產品都能拿著鐮刀四處亂砍大巨人長長的尾巴，這個新配方，或許有機會成為小網站的救星、創業家的貴人、企業期待已久的突破力量。

還有許多的玩法

當然，部落格的玩法還不僅於此，它所可能引發的成功「網路效應」也不止於此。

美國有一家公司叫TechDirt，已經做網路新聞近十年，

他們存活的原因在於不斷推出新的服務，服務對象針對Fortune 500廠商，大約半年前他們推出了一個叫做「Insight Community」的服務，打算串聯目前在美國許多的專業部落格成一家超大型的顧問公司，由TechDirt代表出面接洽大企業：企業問問題，部落客解答；企業付費，部落客收費。但兩方皆不知對方是誰。TechDirt藉此維持競爭優勢，我相信以TechDirt在台灣的深厚關係，應該很快就可以漂洋過海而來，這一部分，應該也有很多可以發展「網路效應」的空間。

　　另外，如果要提到「下一代部落格」，許多人都會對microformat及FOAF寄予厚望。這些都是讓部落格更進一步的成為每個人、每個企業體在網路上面的「家」，不只讓個人可以閱讀，其他網站也可以自由的派「機器人」進去部落格抓取資料。雖然這些技術目前仍未被廣泛採用，但它早就為部落格可能的未來歷史意義做出架構。未來每個人都有部落格，當你在三年下來發了兩、三百篇文章以後，所有的經驗都已經在字裡行間。我們可以把部落格看作是「個人」在網路上的深刻的據點，在上面還可以啟動的「網路效應」，讓人與人之間更能互相拉拔、互相牽引。還有哪些可能？

　　令人興奮的繼續想像。

Flickr 與 Photobucket

雙相簿網站的網路效應？

chapter **8**

相片是網路上很重要的「內容物」（content），網路上也早就有網站提供各式各樣的線上相簿服務，但相簿網站中最經典的突然爆紅的「網路效應」故事，卻由Flickr與Photobucket這兩個相簿網站的後起之秀來領銜主演。

相簿網站經過了好幾代的輪替，功能也愈來愈強大，到了2000年以後，相簿網站更是進入了「戰國時代」，百家爭鳴，加上數位相機人手一台，許多創業家看準了相簿網站市場必定擴大，都爭著開設新的相簿網站，其中甚至不乏財力雄厚的跨國影像事業集團如Kodak、Sony、Fujifilm等。其他的競爭者還包括本身就經營入口平台的超級大網站，或是頻寬充足的網路服務供應商等等，但這些大廠萬萬沒想到，兩個小小的網站，居然跌破眾人眼鏡，在2000年後的七年之間，悄悄的升起，今天已經是相簿網站的「兩大天王」，分別佔據兩個不同族群的市場。

這兩個網站——Flickr與Photobucket，真是「網路效應」的最佳示範。若要憑財力、憑資源，比不過那些大型相簿網站，它們只能以奇招制勝，兩個網站分別加入幾個重要的元素，這些元素分別啟動了自己的「網路效應」，就這樣，兩個相簿網站就起飛了！

威力使用者策略

Flickr自2004年2月開站，短短一年後，就被Yahoo!搶先買下，也讓創辦人從加拿大溫哥華搬到舊金山工作。Flickr

之所以能快速的從一個沒沒無聞的小網站，變成新一代的新銳相簿網站，都是因為它用一個很特別的方式啟動了一連串的「網路效應」。這個特別的方式，叫做**「威力使用者」**（power user）**策略**。

「威力使用者」，顧名思義就是比較常使用電腦上網的網友。不過，「威力使用者」和「重度使用者」（heavy user）最大的不同，就是威力使用者本身有「宣傳能力」，而重度使用者只是常常使用網路而已。威力使用者本身不一定會是重度使用者，不過他們卻有比重度使用者還強的輿論影響力，尤其是在2002年以來的這五、六年內，網路上開始流行寫「部落格」，也出現了很多「知名部落客」。這些知名部落客都是「威力使用者」，他們哪天嘗了某一家餐廳新推出的美味，試用了某一家廠商新推出的軟體，搶先買了某一牌子的新手機，總是會自行拍下相片，寫寫「開箱感言」，放在網路上，讓其他網友閱讀觀賞。

這些威力使用者，有些從前就熱愛網際網路，有些卻從來沒使用網際網路，或許是對寫作這塊有興趣，開始寫部落格以後，自己也就慢慢變成「威力使用者」。無論威力使用者怎麼開始散發它的威力，他們都是網路上「聲音最大」的一群人，他們寫的東西，每天被各地的網友閱讀、傳遞、轉寄、討論。也因為這樣，許多網站都希望靠這些「威力使用者」來幫忙傳達資訊，當然更默默希望，威力使用者能幫他們「講幾句好話」，代為宣傳一下。

威力使用者有言論影響力，當然就有爭議。像知名部落

客TechCrunch的主要寫手Michael Arrington，就曾經因為披露某家公司老闆的問題，而害那家公司原本與Yahoo!幾乎談妥的併購案馬上流局，這家公司當然馬上對Arrington展開訴訟，後續的情形目前還不知道。Arrington之前也曾經因為對一些公司有了不佳的評語，造成這些公司積怨在心，但也敢怒不敢言。儘管網路人士對這些「威力使用者」的褒貶不一，但我們必須承認的是，這些「威力使用者」既然擁有如此大的輿論影響力，如果可以讓這些威力使用者青睞你的網站，如同獲得了免費宣傳。試想，全美國十大部落格如果同時都報導到這個網站，加起來的曝光度，或許並不亞於上了CNN的頭條新聞！

意外爆紅的語意標籤

有趣的是，我們現在回顧Flickr的成功史，「威力使用者」顯然是其成功的最大原因，但當時的Flickr，其實並不知道它正在用「威力使用者」策略。

幾年前，Flickr的創業家原本是在做線上遊戲的，順便開發了一個叫做FlickrLive的相片交換聊天室，除了讓網友聊天外，還可以搜尋網路上面的相片，然後將這些相片變成自己個人首頁的背景等等，這個點子就算是到今天，聽起來還是比現在的Flickr還要有趣，不過，當時這點子並沒有紅起來。

後來，創業家看到自己既然已經設立了這些相簿的基礎，索性就將Flickr分出來，變為一個獨立的相簿網站。就在

這時候，網路界才開始慢慢的認識「Flickr」，當時這個新的相簿網站加入了可讓使用者互相評選相片成favorite的機制，最重要的是，它還加入了知名的「語意標籤」（tags）的功能。

Flickr的運氣真的不錯，2005年剛好正是所謂的「Web 2.0」喊得最大聲的一年，當時所有對網路抱著希望的老網路人，大喊「網路重生」，提出一連串「未來網路」的特性，最重要的就是將控制權回歸於使用者云云，而這一連串的「Web 2.0元素」，「語意標籤」就是最大要項。

什麼叫「語意標籤」呢？就是使用者自己寫了一篇洋洋灑灑的好文章，或照了一張很美的相片，想要在網路上分享給全世界，除了上載之外，網站會建議使用者再為這個作品「說幾句話」。說幾句話可以長篇大論，也可以用要點式

的，不過最棒的方法，還是用一堆「單字」來形容它。比如我在夏威夷海灘照了一張相片，可以為它加上「陽光、比基尼、大海、衝浪、夏威夷、夏天」。這些單字，就是我們賦予這張相片的「語意標籤」。

從前，我們只能將一張相片歸類在某一個檔案夾，現在給語意標籤的最大好處，就是讓這張相片可以同時被分在「比基尼」、「衝浪」等好幾個類別下面，其他使用者要尋找時就很容易，自己要找自己相片也很容易！

由於Flickr是將「語意標籤」納入標準功能的第一個相簿網站，也因為這樣，它馬上就受到了Web 2.0的一群愛好者的注意。全世界同步上演的每一場Web 2.0的研討會，場場都會提到Flickr。以Flickr為例，說明語意標籤有多好用。最重要的是，網路上一批「威力使用者」，也開始「看在語意標籤的分上」，開始使用Flickr。突然間，Flickr雖然還是一個初生、功能尚未齊全的相簿網站，卻馬上超前了其他老成的競爭對手，成為「新世代相簿網站」代名詞！

一般使用者喜歡

據說，曾經有某位相簿網站創辦人到矽谷演講，自信滿滿的問台下的觀眾，「你們都用哪一個牌子的相簿網站？」從全美國的數字來看，他的相簿網站排行在前幾名，所以他有自信，台下這一、兩百名觀眾，應該至少有三分之一會舉手吧？

結果，沒有半個人舉手。

他很納悶的問在場觀眾，不然你們都用哪一個牌子的相簿網站？他一個網站一個網站的念，當他念到「Flickr」時，幾乎全場都舉手了，讓這位創業家嚇一跳。

這位仁兄於是感嘆，到了矽谷以外的地區，問大家什麼是Flickr，可能還有很多人不知道；但在矽谷這個「威力使用者」群聚的地方，竟然大家都用Flickr，這真是一個很有趣也很奇怪的現象。在威力使用者的族群裡，Flickr是最棒的相簿網站，但是出了威力使用者的族群，卻沒人知道它！當然，這也是當初眾人認為Flickr的最大問題，一直到被Yahoo!出資買下後，仍有人常拿「Flickr的市佔率其實並不高」、「出了矽谷沒人知道Flickr」來挪揄。

而，**奇蹟卻出現了**。從Flickr的數字顯示，它在2006年至2007年間，突然開始打破「威力使用者」的藩籬，一般使用者顯然已經開始慢慢加入Flickr。但，不知該讓Flickr高興還是難過的是，這些人似乎對「語意標籤」沒有很大興趣，換句話說，他們只當Flickr是一個普通的相片網站，上傳一張又一張的相片，每張相片都沒有敘述，也沒有設語意標籤。真是奇怪！Flickr明明就是以語意標籤為主的相簿網站，假如不用它的標籤，也不用它其他功能，為何這些一般的輕度使用者，仍瘋狂的開始加入Flickr？

原來，「威力使用者」的策略真正的發酵了！那些威力使用者在自己的部落格、外面的演說或對記者的訪談中，常常都在透露「我使用Flickr」的訊息，因此產生了極大的宣傳

效果，啟動了「網路效應」。其實這些威力使用者根本不必撰文，只要寫到「我昨天參加海邊演唱會」，附上一、兩張相片，上面寫著「Flickr」，網友點進那連結，順便看到這位威力使用者在Flickr上面的其他相片，從那個威力使用者，說不定又連到了其他的威力使用者，於是我看到，哇，Om Malick也用Flickr，Michael Arrington也用Flickr！那我們身為輕度使用者的網友，也就會想趕緊申請一個Flickr的帳號！

簡而言之，Flickr雖然推出了領先業界的語意標籤功能，但這個功能卻沒有成功的吸引大眾目光，不過，也因為這個功能，讓它受到了少數一小撮人的喜愛，因為這少數一小撮人的喜愛，使得其他大眾也跟著開始喜愛。到最後，大眾儘管並沒有使用Flickr最引以為傲的「語意標籤」等創新功能，但大眾的的確確開始用Flickr了。對Flickr而言，這樣應該高興，還是難過？

總之，Flickr這樣的「威力使用者策略」，整段過程並不必怎麼行銷，只要推出一個威力使用者超愛的戲碼「tagging」就可以。Tag本身雖然市場不大，但卻讓它打開了市場。

相片也是很有感染力的「毒」

影片網站「YouTube」爆紅，大家於是說，「影片是毒王」（viral video），但相片呢？其實相片也有毒性。

相片也被認為是黏性特別大、特別容易發生「網路效

應」的內容物，因為它具有下列的特性：

第一，相片會說故事：它讓你能在不被打擾的情況下，安靜的一瞥一個陌生人的生活。不需要任何旁白，一個人的生活可藉由相片一覽無遺。因此，人人都喜歡看相片，喜歡看相片甚至尤勝看影片，也因為這樣，有相片的網站，只要適當的整理編合一下，很容易就讓人很愛上去逛。

第二，相片容易製造：數位相機的價格趨於低廉，2000年後，年輕人已幾乎人手一台。這些相機的容量愈來愈大，畫素也愈來愈高，現在任何一台相機都可以洗出傳統照相機的輸出水準；若要透過網路上傳相片，以目前的頻寬，上傳100張相片只要幾分鐘即可搞定！和其他更深奧的內容物如影片相比，「在網路上傳輸相片」這件事已非常稀鬆平常。

第三，相片滿足人們表現的需求：每個人注重外表，相片是表現自己當下狀況最直接的方法。也就是說，今天假如有一些漂亮的相片，每個人都會想好好展現一下，在網路上也會自己宣傳。從這個角度來看，只要相片主人願意，相片本身很容易主動的往外流傳，讓更多人看到。

第四，一般人只有一個相簿網站：雖然網站不是「永久」的，但一般人仍希望在同一個站內收藏所有的相片，所有的相片都收藏在同一個網站。也就是說，一旦這個站擄獲了某些「威力使用者」的注意力，讓他們開始使用這個相簿網站，作為他們「唯一」的相片存放處，這些「威力使用者」或許就不會再換地方收藏相片了。

Photobucket的「擁抱惡魔」傳奇

Flickr靠擁抱「威力使用者」，抓住了「相片」的「毒性」，用之來產生網路效應。另一個知名相簿網站Photobucket亦同，它也是出生於相簿網站群雄相爭的戰國時代，而它也沒有什麼特別的功能。不過，Photobucket今天的成就更超越了Flickr，**它是目前全球最大的相簿網站，市佔率高達41%！**

Photobucket甫自2003年創立，背後既沒有大廠也沒有大金主，但，它一路成長茁壯，到了2005年還一度被尼爾森市調機構調查為全美國全年度成長最快的網站。今天它已成全美排名前50的網站，號稱已超過33億張相片上傳到它的伺服機中，而且還在陸續增加。目前共有4,600萬名會員，以

每天85,000名新會員的可怕速度繼續成長。2007年第一季，Photobucket宣布以2.5億美元左右賣給了News Corp。

到底Photobucket做了什麼特別動作，讓它可以在競爭過度的「紅海戰場」，打敗其他相簿網站，這麼厲害？它所發揮的「網路效應」又在哪裡？

答案是：Photobucket撿人家不要的東西，找了人家不敢找的「惡魔夥伴」！

這件事到今天仍讓人津津樂道。當時所有的相簿網站雖然讓網友自由的上傳，但皆不約而同的定出一條嚴正的「反盜連」規則。「盜連」的意思就是，上載相片到母網站，卻將同一份相片也放在子網站，人們到子網站時，直接呼叫母網站取用相片，換句話說，也就是相片在子網站顯示出來，不將網友帶到母網站。

如果網友「盜連」，就會讓母網站的負擔變重，母網站平白的承受這些負擔，卻無法讓這些網友來到這個母網站，以至於無法陳列廣告給他們看，也無法累積使用者品牌忠誠度。如果網友不去研究這張相片到底放在哪裡，對於母網站而言可說是「虧大了」！

但互聯網就是這麼妙，看起來是「虧大的」事情，說不定反而是啟動「網路效應」的金鑰匙。這一點，還真的被Photobucket猜對了！

Photobucket當時看到，雖然每一個相簿網站都視「盜連」為萬惡不赦的大惡魔，但據統計，每個相簿網路，平均卻仍有高達70%的流量來自「盜連」！這些盜連都是不光明

正大的「偷偷盜」，直到被網站抓到，沒被抓到的就繼續盜！看到這麼可觀的數字，當時Photobucket就做了一個「擁抱惡魔」的決定，不但允許「盜連」，還特別在相片下端寫道「若要盜連，請使用這個網址」，讓網友們放心的儘量連。

就這招，讓網友開始把Photobuckt當作他們主要的相簿網站，加上「盜連」，讓相片透過各式各樣的網站散播出去，不必到Photobucket本站，只要在任何網站都可以看到Photobucket的相片！

相片會說故事

相片既然本身就有「毒」，可以在網友之間瘋狂的傳染，出現一場又一場的一傳十、十傳百的「網路效應」，我們除了架一個相簿網站，或許還可以多多思  考：可否不要蓋網站，而利用它來做短期的網路行銷活動？

2006年聖誕節，美國辦公用品通路商OfficeMax製作了一個「ElfYourself」網站，送給大家作耶誕禮物。「Elf」是日耳曼民族神話故事中「小精靈」之意，這個網站讓網友上載自己的大頭照，穿起綠棉襖加棉花帽扮小精靈，跳一支30秒鐘的滑稽怪舞，還可以錄自己的聲音，跟著舞步唱歌給親朋好友聽。

　　別小看這個簡單的網站，竟然成功的啟動「網路效應」，讓許多網友在網路上寫上自己的賀語、上載自己的相片、轉寄給所有朋友，也讓此網站在Alexa排行榜一度上衝到300多名，簡直是有史以來最成功的瘋狂網路行銷案例之一！

　　很多行銷活動注重「內容」，想盡辦法在這些電郵與網站中四處塞入廠商的logo、商品照、文案，用贈品來刺激，用字句來感動，或強迫行銷；進行「會員帶會員」（member get member）時，常仰賴著轉寄幾人可以抽獎、送東西等老招數來進行。但是，ElfYourself和以往不同之處在於，整個行銷企劃的設計，是建立在一個很吸引人、前所未有的「上載自己相片，跳一支flash舞」的「功能」上面。再棒的相片，也不如自己的相片還要有吸引力！有了吸引人的「功能」，做了一個「酷站」，或許「內容」就不必這麼勉強了，OfficeMax的logo可以藏在角落了，不必強加推廣，會員自己會轉寄，不知情的網友會聞風而至想來這酷站看看，而且個個都在問：「這是誰做的？」「為什麼要做這個？」「它這樣要幹嘛？」真妙，不用靠廣告去找客戶，客戶自己會過來找廣告。

　　同樣一個點子，也由分類廣告網站Kijiji在台灣的團隊，推出一個「賀歲紅包場」系列行銷活動，鼓勵網友來登免費廣告，宣傳應景大小事。這套行銷活動不見得是業界先例，但有趣的是他們設計來打頭陣的「豬頭eCard」電子賀年卡，這支eCard，同樣是利用「相片是毒王」的原理，讓網友上載自己的大頭照，戴上一只賊賊表情的豬面具，跳一段激烈搞

笑的舞，頭幾天的試用期就已有人做出一些反映當時時事新聞的搞笑版，譬如王又曾的「要紅包，找到我就有！」與蕭淑慎的「閃開閃開，祝大家新年high翻天！」

　　這支「賊呼呼」的豬頭eCard電子賀卡從規劃到完成，大約是三個星期左右，這種案子給廣告公司做，通常30至60萬跑不掉，但他們是自行企劃，並且找熟識的獨立製作freelancer，成本有稍稍降低一些。可能是文化契合的關係，我覺得這支豬頭eCard比ElfYourself還要更好笑，因為太好笑，除了自製電子賀卡，應該還可以來開個名人kuso集錦堂。團隊透露原本是規劃上下都有kijiji的行銷文案，經過討論後，決定都拿掉了，最後只加個「powered by Kijiji」，沒有商業化痕跡，要靠功能感動客戶，讓客戶來找他們。

讓相片會說話

像ElfYourself這樣「讓相片會說話」的趣味網站，網路上可說是愈來愈多、愈做愈炫，將相片的網路效應發揮到最極限！

譬如有個網站叫Pikipimp，讓網友可以輕鬆的在自己相片上「加料」，加一撇鬍子、戴一頂帽子、畫一副眼鏡等等。

另外，Zingfu則讓網友上載自己的相片，把自己的臉孔融進路邊大看板當起廣告代言人，幾可亂真的樣子頗為好笑。

還有另一個網站Greetlets，則讓我們改一改相片單調的背景，順便加幾句祝福語，整個又變成一張新的相片，可以

放在其他地方。

接著，BubbleShare讓人在相片中加入對話泡泡與聲音，SmileBox除了加上小效果與字體，還幫你把相片動一動；而Celebsfun乾脆直接提供上百位名人的相片，扭成引人發噱的怪表情……。這些，都是「讓相片會說話」的代表。

這些網站所提供的服務乍看之下似乎沒什麼，畢竟，亞洲年輕人玩「大頭貼」已有十年以上的歷史，高階一點的還會用Photoshop等圖片編輯軟體大玩改圖。然而，我仍然認為這些「會說話的相片」網站，代表著一個很有意思的新趨勢——「相片」即將在未來的網路，扮演一個比今日更重要的新角色；未來應該還有其他更有趣的「網路效應」，等著由相片來啟動。

怎麼說呢？2006年全球數位相機出貨量逾8,000萬台，再

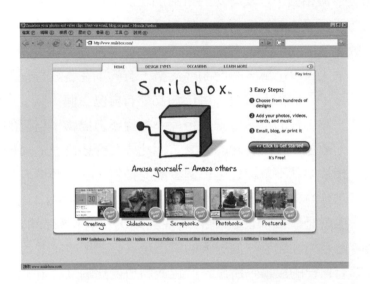

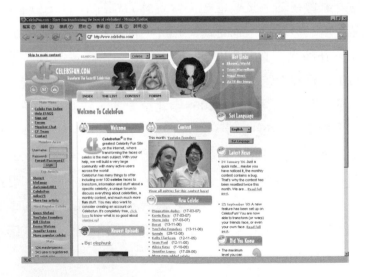

加上手機相機，以及特殊的新附加功能如GPS、WiFi無線上網功能等等，讓網友拚命上傳更多的相片，網路上流通的相片數量也達到前所未有之多。近兩、三年來，全球又開始吹起「個人首頁」風，有的開部落格，有的則在各社群網站好好設計了一個個人首頁，每位網友都有自己一個「窩」，而這個「窩」裡的重頭戲就是相片；相片不但描繪了自己的生活，亦敘述了某段有趣的經歷，因此成了介紹自己的最佳方式。相片早就不單純只是一個景觀的捕捉，它正漸漸取代枯燥又難寫的文字，變成了網路上主要的「說故事的工具」！

也就是說，前面提到的這些網站，沒有重複從前的服務，而且還在開發一個更大的新市場。它們所收集的每張相片都有自己的故事，所以它們也敢將自己比喻為社群網站，認為大家會在站上交換這些「會說話的相片」，一邊嬉鬧，一邊討論、交朋友。我認為，相片的前途絕不只目前看到的這樣。許多人一直到2006年還一度指望，觀眾會為了觀賞2006年世足賽而跑去買平面液晶電視、手持式數位電視，結果落得一場空。現在展望2008年北京奧運，我們從「遊客」而非「觀眾」角度來看，這群遊客的所見所聞將會是全球上億觀眾的矚目焦點，這些改過的相片與影片，加上Digg、OhMyNews這些網站的推波助瀾下，一傳十、十傳百，發揮著極大的「網路效應」，訴說著關於奧運場邊的故事。或許最快在2008年，不然至少也在2012年，網路上就會正式出現一股出人意表的「會說話的相片」新文化。

Twitter

如何在六個月內創造
100萬名忠實粉絲？

　　如果你問我，繼YouTube的漂亮大賣收場以後，在它之後最有可能將「網路效應」發揮到極致的網站，是哪一個？

　　我會告訴你，應該趕快來看看一個叫做「Twitter」的網路服務。這個服務基本上讓網友可以透過在它的網站上留言，或用自己的手機簡訊來「寫日記」，每篇日記的字數限制在短短的140個字元以內。這個網站的標語是「what are you doing?」，就用這麼簡單的一招，Twitter就掀起了一場非常成功且快速的「網路效應」！

　　Twitter於2006年7月推出，不到半年時間就突然爆衝上天，讓它的伺服機幾乎無法應付熱情的網友。今天，它的使用者人數已經逼近100萬大關，最特別的是，如果仔細聽聽身邊的聲音，會發現關於Twitter的讚賞簡直是響徹天邊！大家都說：「好好玩喔！真的好好玩！」

　　和其他網站不同的地方是，這些Twitter會員，顯然已經不只是「使用者」，**而是不折不扣的「粉絲」！**這些熱情的使用者和其他網站的會員「默默使用」截然不同，他們不但「使用」Twitter了，還對它喜愛得一而再的讚不絕口，甚至以tweeting為榮，熱情地邀請所有身邊的人都一起來玩！

　　有趣的是，若拿Twitter和YouTube相比，好像在拿橘子比蘋果。YouTube是一個頻寬吃得很重、需要大量資本投資的網站，技術門檻較高，功能也非常豐富與多元化；但Twitter不但只有文字，而且還限制在140個字元，而且它的網站非常簡單，基本上就只是一個比較複雜一點的「留言版」而已，一個工程師說不定一個月就可以完成了。這麼簡單的網站，

從前沒人覺得這麼好玩，但現在不只Twitter爆紅，連其他幾個類似網站如Jaiku、Tumblr、Frazr以及大陸的模仿網站如「飯否」、「機歪de」，以及台灣的Buboo「巴布先生」等等，都跟著紅了。現在連歐洲大型社群網站Bebo也來湊一腳。

　　到底Twitter所啟動的「網路效應」關鍵在哪裡？

新的表達方式，一夕爆紅！

　　很多分析Twitter的文章，總是喜歡強調它的標語──「我正在做什麼？」，認為這就是其成功關鍵。但這樣的分析並沒有點出「網路效應」的所在，講了等於沒講。事實上，Twitter成功的主要原因，得歸功於它創造了新的一種內容物。

　　這是什麼內容物？**「微型部落格」（microblogging）是也**。Twitter是一個「剛剛好」的分享工具，可以創作、可以展示、可以討論、可以回應。它靠結合網路、插件、手機、IM，為「微型部落格」吹了起床號。

　　前一章已經提到部落格本身的網路效應,但部落格仍有
一個很大的問題,那就是,並不是每個人都適合「大量的寫
作」,把自己的生命用奔騰的文字給描繪出來。好,那我們
就說,不然不要用「寫」的,用「照」的好了。可是,就算
那些隨身帶著數位相機、看到什麼都照、「用相片寫日記」
的,肯定到一個程度會停止,因為相片是無法寫日記的。你
當下照了一道懷石美食、照了一位新認識的朋友,還必須加
上「旁白」才行;有太多的東西是相片無法精確地描述的,
當你發現旁邊的人都用和你不一樣的想像方式來詮釋你好不
容易拍出來的相片,你會愈來愈不想「用相片寫日記」。而
影片更甚,它具有所謂的「侵略性」(intrusive),掏出一台
攝影機,僅次於掏出一把衝鋒槍,旁人有如見鬼煞一般的紛
紛拿東西遮臉走避,而且至今仍有「不易保存」與「不易觀

賞」的問題。所以其實「用寫的」還是最好的方法，只是，它必須再短一點，短到任何人都可以更勤的寫自己的生活瑣事，大家一視同仁，比比看誰的生活更有趣。這就是Twitter這些「微型部落格」的意義了。

也就是說，「微型部落格」是一種比原先的部落格更適合大眾參與的內容物，它繼承了部落格所有美好的「網路效應」優點，再加上自己的優點！

如果再深入Twitter這類型的「微型部落格」研究其中的網路效應，可以更進一步的發現，它成功的原因基本上可分為四點：

第一，「一句話」： Twitter將所有東西濃縮縮成「一句話」。因為只有一句話，所以可以比較經常更新，我們可以從首頁就看到一大堆人現在正在做什麼事情，從澆花、聽音

樂會、巧遇某個人、在捷運站等車……都有，時間都是在一分鐘或一分半鐘前。「what are you doing?」這感覺就和小時候玩捉迷藏之類的遊戲一樣，雖然簡單，但就是非常的好玩！

此外，Twitter因為字數嚴格限制在140字內，所以也等於逼網友一定要「寫重點」，當每個人都開始寫重點，集中在一起就非常簡單且好玩。當然，也因為Twitter將東西縮成這麼短的一句話，讀者在閱覽時也較為容易「一次看很多」，而且很容易就看到好玩的句子，連到另一個地方，「連來連去」，先看這個人從前twitter過的事，再看他的友人從前寫過的，以此類推。

第二，朋友互相溫暖： Twitter最有趣的玩法並非打140字告訴陌生人我們在做什麼，而是和朋友聯絡、和朋友討論某件事情。對於一個正常人而言，一天大概收個100封twitter短箋就已經很有趣了，再多的話也沒時間欣賞，這樣來看，其實只要接到朋友寄來的twitter短箋就已經夠了（每人有100位朋友，每天至少送1封短箋，告訴我你在做什麼）。有時討論到某件事，朋友之間幽默的傳遞一些短話語，句句是名言，句句教人會心一笑或開懷大笑。Twitter以巧妙方式鼓勵在朋友圈內傳twitter，以期製造這樣的溫暖感覺。

第三，以手機簡訊運作： Twitter使用手機簡訊，這招或許它並不是第一個，但從沒有這麼簡單的使用方式。一開始只需填入自己的手機號碼，然後Twitter要求你以簡訊的方式，依指定寫幾個字，傳到它指定的一個國際電話，

幾秒後，馬上就可以開始寫簡訊，告訴大家「What am I doing」。手機簡訊是每支手機的基本配備，再差的手機都有這樣的功能。如此的使用情境，難怪使用者趨之若鶩！

第四，提供插件：Twitter懂得用「插件」來經營自己，照理來說，Twitter最重要的應該是一個「個人首頁」，上面擺著自己最近十幾筆的留言。可是Twitter卻選擇另外再提供所謂的「badge」，也就是一個小框框，讓部落客、論壇站主、網站站主都可以自己嵌一個twitter的badge在自己站內，隨時更新。如此做法還有另一個好處：提升被搜尋引擎搜到的可能性。已有專家指出，Twitter已成網友拿來做搜尋引擎最佳化（SEO）的天堂與避風港，所有好友的首頁自動貼出你貼出的超連結，等於從Twitter個人首頁、從各部落格、從各IM一起幫你在搜尋引擎的排序上面加分；而Twitter本身的SEO也做得很好，最近常看到一些網友在Twitter寫的「名句」被搜尋引擎排在前10名！

Twitter是個奇站，但更奇的是，它代表著未來。我覺得它是夾在「部落格」與「相片、影片」中間的一種中間產品，因為這樣，它讓人興奮至極。為了Twitter的體驗，可能大家會開始注意生活中哪裡有趣事，經過某個沒看過的活動會特別進去看看，這些Twitter訊息，每天寫5封，一年就是1,500封，五年就是近1萬封了。它會讓人愈來愈想玩！

不斷嘗試，直到打中爆紅的「甜蜜點」

簡單的說，Twitter就是在一個很簡單的觀念上，很簡單的串起上述四個成功點。問題是，既然這麼簡單，為何之前沒人想到過？假如這麼簡單，為何其他網站不花錢去做，而要等到現在Twitter紅了，才一窩蜂搶著做？

因為，從來沒人想過，Twitter這種「只報告一句話」的點子，可以紅起來。

說到Twitter傳奇，一定要提到Twitter的創辦人Evan Williams先前創立的Obvious Corp。基本上Twitter本來就是以「機率」的方式來打中這個之前不知道的「網路效應」，Evan抱著「網站量產」的心態在搞網路，做出一大堆像是Twitter這種小玩意兒，像Twitter現在爆紅了，他遂將它從Obvious轉出去變成獨立的小公司。我將這樣的做法稱之為「網站量產」，而這樣的網站製作方式，現在已經被很多網路創業團隊與投資人沿用了。

譬如，有一家新的育成型的創投公司叫HitForge，看到矽谷有許多心向網路、卻沒錢創業的創業家，於是想到了一個方法，打算透過「網站量產」，來看看能不能啟動一場無法預期的「網路效應」。

HitForge的想法如下。

他們和這些有志氣想自己創一個爆紅網站的網路創業家說：好，既然你想創業，想搞網路，又找不到錢，不想回去做薪奴，那我來養「你」這位創業家好了。來申請HitForge

吧，若我們覺得你的特質合適的話（要有技術背景較易被錄取），就將你安排到我們目前的其中一隊，每一個隊，都是和你個性背景相近但能力互補的創業家。你們想點子，不必寫程式，我幫你們把點子送到海外去，當地人工太厲害又太便宜，兩星期內就可以把網站架出來，並開放給大眾使用。過了一個月，我會再回來看看這點子有沒有任何「人氣」的跡象，假如還是沒什麼人來玩，稍稍微調後又沒什麼反應，那，I am Sorry，我們要把這點子殺掉，另外再想一個、再送到海外完成，如此循環下去；反之，假如某個點子透露了「人氣」，那這個團隊就繼續經營、繼續改造，我們也會盡我們在矽谷的企業與創投人脈幫你行銷，直到這個網站被Google、Yahoo!、AOL、微軟、路透社買走。不要擔心，你當然會有薪水，而且，假如其他團隊做出的點子有成果，所有的團隊都可以分紅（不過分紅當然不會高於原團隊）。

網際網路的成本低（除非你做YouTube），架站速度快；由於幾乎什麼都可以做，什麼人都可以串聯，所以，新網站可以藉由「探索人性的邊際」，靠一個小小的網站便產生原子彈一般的爆炸力，從0到100萬。所謂探索人性的邊際當然不是指道德革命或什麼解放之類的，而是在人與人之間每日生活的元素的流動之中，找到「更好玩的玩法」，從中創造價值。廣義來看，歷年來所有成功的網站點子，都是敲中了一個「甜蜜點」；只要擊中甜蜜點，不必施力，就可以呼嚕呼的直通天頂！

「網站量產」的思維，其實是十年來的經驗累積所調整

出來的解答。他們發現，網站的製作不管怎樣，應該是「人數愈少愈好」；最好是少到只有一人，剩下的人都別囉嗦，全部聽他的、幫他做；這樣才夠快，才夠「直覺」。直覺是很重要的，一個點子，往往在「愈想愈多」之後會逐漸失去「原味」，表面上點子看起來是更完整、更符合大眾需求，但卻失去了當時的「感動」。一個網站不像部落格，你可能因為很多原因來看部落格的文章，但你喜歡一個網站，讓它變成你的最愛，常常回來使用，只有一個原因，那原因無它，「就是喜歡」罷了。讓一位創業家來擊那個原因、那個甜蜜點，已經綽綽有餘了！

「嵌」根本就是「加盟店」的概念！

Twitter做成「插件」，可以安插在個人自己的網站與部落格內，讓它更容易引發一傳十、十傳百的「網路效應」。

2006年，我曾早一步在網路上提出「嵌為成功之母」的概念，提出與其開一個自己的網站，不如製作一個小插件，讓使用者自己「嵌」在自己的網站內。我將「嵌」這件事比擬為「加盟店」的力量。

怎麼說呢？21世紀可說是連鎖店的世紀，自麥當勞等連鎖店面漸成主流後，連鎖的制度（franchise）一直在消費者端慢慢的擴散開來。它的特色是，總店只要提供最好的材料，剩下的由分店去接觸與服務當地的客人，總店和分店平攤成本，也拆帳分享所得。這樣的系統已相當成功的證明應

用於咖啡店、超市、洗衣店、餐館、大眾運輸系統等幾乎所有民生用品。連鎖店的意義在於分工。輸出者掌控最好的內容，在地經營者最懂在地市場，由他們去經營自己的族群。

同理，網路的世界如此浩瀚，雖然照理說可以四處都看到，但，網路上每天有上萬個新網站、新商品冒出來，搜尋引擎根本不可能特別關照你的東西。如今，想要自己開一個新入口網站，希望讓它被每個人看到，並在後起競爭者追趕之下保持領先，需要的成本已經不像1996年，兩、三個工程師、一台伺服機就可以順順利利。現在，搞一個獨立網站的成本似乎不再是「零」了，門檻也相對難以掌握！

所以，現在很多創業家都是用「嵌」的在其他網站上面，不要自己開站，而是寄生在別人站上，這樣的話，或許靠一、兩個創業家、不用多少頻寬，就可以「做」進全世界，啟動驚人的「網路效應」！

不過，「嵌」其實早已不是新招，從各種顏色形狀的計數器和時鐘開始，這類的「嵌」只是一個引子，把群眾從寄生的子站引回到自己母站首頁來。儘管現在的「嵌」因為技術進步而有更多的變化，讓創業家可以秉持「嵌為成功之父」的精神，集中所有資源設計每一個「嵌」的版型與功能，在上面做Ajax，在上面搞Mashup，更多複雜的功能將在上面實現，但這樣只是完成了「嵌」的表面意義，很多創業家，最終還是要把使用者從寄生子站引回到母站去，假如有商業交易的，即使走了「CPA」（Cost Per Action）模式，那些好不容易為你帶來顧客的寄生網站站主往往也只能抽「總

營收的5%」之類的，少得可憐。

因此，2006年我曾在網路上提出，若想要更利用「嵌」的爆發力，不妨以「開加盟店」的思維來創立新的「嵌點子」。

GoodStorm的分店策略

創立於2005年的GoodStorm，提供「客製T恤商店」，也就是讓使用者可以上載自己的圖片，然後交給他們印成T恤或其他紀念品，寄到你家。這樣的產品早有Cafepress、Zazzle在做，使用者早就太熟稔，沒辦法做出網路效應。為了顯示他們的不同，他們特地喊了一句更響亮的口號：「重新定義資本主義」（Redefine Capitalism）。志業家可自行設計T恤圖樣，交由GoodStorm賣，GoodStorm將高達70%的利潤（注意，不是營收）歸T恤設計人所有，自己只抽30%，而且其中還有一大部分要捐給慈善機構。這點已經和其他網站明顯不同，但，沒有很多人響應。

接下來，他們推出一個叫「MeCommerce」（個人商務）的新玩意，做一個小小的購物框框，讓部落客可以嵌在自己網站中，賣商品、抽佣金。GoodStorm同樣祭出高利潤策略，高達50%的利潤將歸部落客所有，而他們只拿50%，而這50%的毛利對GoodStorm而言還要拿來支付其他基本的營運費用等，所以算是滿慷慨的。此舉一出，還沒有獲得消費者打開錢包開始支持前，已經受到很多部落客的喜愛，開始

Twitter

如何在六個月內創造100萬名忠實粉絲？

將他們的小工具，嵌放在自己的部落格裡。

　　我們可以把MeCommerce的模式，和連鎖加盟制度直接比較一下。加盟制度有分很多層級，真正而且有效的加盟制度是讓創業家可以開一家獨立的「加盟店」。走一趟「創業大展」，大部分都是「大創業家（加盟總部）找小創業家（幫加盟總部開分店的）」。對這些「大創業家」而言，與其一次籌資展店500家和麥當勞拚，不如先開一間旗艦店和一間暢貨中心，預算降低了，也透過其他「小創業家」開分店來擴散出去。有「分店思維」的「嵌」和其他幾個最大的不同處在於：第一，功能方面，全部都在同一頁面完成，從頭到尾不必離開寄生網站回到母網頁；第二，利潤方面，母公司不以「拆帳」的概念和子公司（寄生網站）合作，透過揭露成本對拆利潤等方式，讓寄生網站可以經營一個更健全的獨立事業體。

　　這樣的「分店思維」，雖然不是一個完整的「網站」，「開分店」的版面，可能不再是全螢幕，也沒有滾軸Scroll可以運用；每間「分店」只有一個200×400的長條型方格，在裡面要發生所有的事情，要瀏覽所有的商品，要完成所有的付款動作，也在考驗著網站設計師，像MeCommerce這樣「展開」與「縮起」。所有的操作都是一頁化、一秒化、一手化，甚至更嚴格的「一格化」（200×400固定尺寸），好處是，這樣的分店也更容易「嵌」進手機，也容易被「嵌」進數位電視的螢幕，讓它們更容易吸引更多的使用者，更容易引發「網路效應」。

可以做成小插件的三個有趣點子

今天，插件比以前還更重要了，因為「平台已起」，其中最具代表性的「平台」是，才創立三年的社群網站Facebook。它已在網路上產生了網路的第三勢力，可能自成「作業系統」，自擁一個可以在上面另做軟體的「平台」，和工具型與媒體型網站成三國鼎立局面，從此將有一批網路創業家將放棄自己架網站，直接做「小插件」搭築在社群網站已吸引到的人群之上，好好的發揮創意來「玩」他們。這就像看綜藝節目製作單位怎麼用創意「玩」藝人，你今天請了5位藝人上節目，該設計什麼遊戲讓他們在電視上玩？藝人都很笨，觀眾也沒有用大腦在看電視，所以不能設計得太困難，卻要有互動，也有表現，可能有些意外的亮點，儘量不要很快容易膩……只要想出來這個遊戲，不必做多麼了不起的事，或許有機會像iLike，短短不到一週的時間就靠Facebook帶來嚇得連下巴都掉下來的100萬名新會員！另外，有篇文章也比喻得很好：從前Facebook提供一個簡單的「戳會員」（poke）功能，讓好友之間可以打聲招呼，現在超過210種應用像雪片般灌入Facebook，創業家的創意已經讓會員可以「咬」、「抱」、「搔癢」、「賞一記刺拳」。創業家一直在想，還有哪些小插件，可以做進這一套新的「群眾作業系統」？

既然是「玩群眾」，有些時候就不必太嚴肅了。網路環

境有一些小玩意，本身是獨立網站時沒什麼了不起，假如做成插件呢？以下三個破破爛爛的「玩網路」網站，點出了三個可能可以做成爆紅插件的大方向。表面上看起來很無聊，一染上社群，或許能像氫氣碰到火苗馬上爆炸，引發「網路效應」！

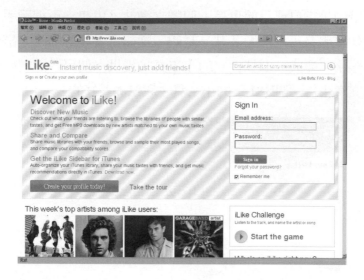

　　第一個是「A Few URLs」（http://afewurls.com/）。想像以下情境，今天我們看到一則關於陳士駿訪母校靜心小學的新聞，覺得很有趣，就把這則新聞的位址從上頭的住址欄剪貼到MSN或E-mail裡寄給別人。但假如我這邊同時也想寄陳士駿已不是單身及陳士駿父母週六也在場聽講的新聞呢？我會把以上三則新聞的位址一一剪下來，再一一貼在某個地方，然後寄給別人；下次想再給第二個人，我再把那封信或那張MSN再叫出來，把三個住址一起框選並剪貼到MSN

或E-mail寄給別人。很麻煩吧！「A Few URLs」這個網站，就讓你可以加入好幾個URL，把它們做成一個單一網址，然後用一個位址就可以找到它們（也可順手變之為縮短的TinyURL），從此你只要剪貼「這個位址」，就可以一次再一次的寄給所有人。「A Few URLs」有擊中這一點需求，但可惜的是它自己目前也是一個獨立網站，用起來不很順手，假如這服務可以搭配著某一載體，譬如搭著社群網站、搭著部落格，變成一個插件式的小工具，提供一個可「連剪好幾則文章化為一個URL」的小工具，我還滿看好的。

第二個，是「My IP Neighbors」，也就是「我IP的鄰居」（http://www.myipneighbors.com/）。每一個網站都有一個IP，但這IP卻常常不見得是獨一無二，如果你購買的網站伺服服務的層級不夠高，則網站空間提供者往往將好幾個網

站放在同一台機器上，分享同一顆微處理器及同一個硬碟。
「My IP Neighbors」網站讓你輸入自己購買的域名，隸屬於
「讓你知道更多你不知道的你最在乎的網路事實」，這樣的
工具不容易做，但做出來的話會讓人覺得「很有用」。社群
網站其實很需要這樣的小插件，告訴訪客一些有用的訊息，
或也告訴該個人首頁的主人一些有用的訊息。比如說，就針
對來訪者的IP好了，告訴對方在同樣的區域（譬如台北市）
今天有多少人來拜訪這個網站，現在還在線上的還有誰？試
想我可以在遠在美國的Facebook直接和一個同樣憑IP判斷來
自台北的人開始閒聊，馬上加入他成為好友。聽起來是滿老
套的玩法，有沒有在社群環境中發酵過？值得一試。

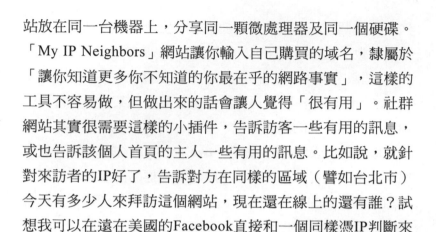

　　第三個更「無厘頭」也更有趣，叫「IP Spotting」
（http://www.ipspotting.com/），它會直接查到你的IP位址，

然後為這個在現在這時刻屬於你的IP位址做一系列的「網路紫微斗數」，譬如假如你的IP是「151.199.53.145」好了，它先把4個數字拆開來，告訴你它們的質數關係，然後用這IP畫成一個bitmap黑白圖，再告訴你這個圖很像某一張相片……然後告訴你其他的驚人發現，譬如你的IP數字全部都是奇數耶，你的IP化成5張撲克牌是「two pairs」，恭喜你的IP竟可以製造出一個條碼，你的IP化成地圖座標的話是在非洲好望角和南極之間的一個沒人去過的地方……，每個IP下面都有留言，留言者的IP也秀出來，點進去也可看看他的IP的紫微斗數是怎樣。

這個網站可以說無聊，但我們也不得不說，IP還真的是一個「全球共通的語言」，在沒有使用代理的情況下，人們當下的IP還真的是獨一無二。更有趣的是，所有來到這個無

聊網站的IP，都已經被自動的就上述每一個項目（是的，包括撲克牌牌好壞、地圖座標在哪裡……）打分數，所以這個網站已經為29萬個IP打過分數。我就在想，這樣的網站若做成插件，可以自動對來訪客人的IP做比對，然後自動的產生一大堆好玩的資訊，再用這些資訊來排名、來交錯，甚至來配對，每來一個人，它就會抓到資訊，每天來100人就是多了100條資訊可以發揮出好多東西。不見得要以IP做比對，也可以從使用者名、E-mail住址去「打分數」，雖然打出的是「無厘頭」、沒道理的分數，卻也瞬間為來訪的這些素昧平生的陌生人，製造了吱吱喳喳閒聊的話題，這樣的小插件可能會很成功。

另外，還有哪些小插件可以做？應該還有很多，我們可慢慢思考。

總之，Twitter意外引發出一連串的網路效應，瞬間累積大量的忠誠會員，這樣的際遇對於網站製作者而言，雖然是「可遇不可求」，但只要給自己多一點機會，多利用插件、嵌、小工具的方式出現在使用者面前，給使用者多一點選擇的權利，下一個意想不到的「網路效應」，或許就由你來啟動；下一個意外爆紅的「網路效應」故事，或許也由你來做主角了。

PlentyOfFish

如何以一人在一年內撮合 30萬對男女？

PlentyOfFish是一個極有趣的「網路效應」案例。它是一個男女交友網站，由一位叫做Markus Frind的年輕加拿大工程師所寫成，由於他只有一個人，和其他網站比起來勢單力薄，所以他儘量將網站寫得很簡單、寫得很陽春。既然要寫得這麼簡單陽春，索性做出一點特色，於是他決定，整個PlentyOfFish網站都是「免費」的，無論在上面怎麼配對、怎麼交友，都不必收費。Markus將整個網站架在他在加拿大多倫多的公寓內，買了四台主機、牽了一些光纖，就這樣開始經營這麼一個簡單、免費的交友網站。

問題是，男女交友網站市場，早已有許多更大的網站公司在經營了，可說是個不折不扣的紅海戰場。PlentyOfFish於2003年才推出，和其他交友網站相比，已經慢了人家五年以上。此時整個交友市場已呈飽和狀態，應該說，任何一個可判斷市場的人，都不會在這個時候推出一個交友網站。

大家抱著「看好戲」的心態看PlentyOfFish，萬萬沒想到，PlentyOfFish竟跌破大家的眼鏡，引發了快速且龐大的「網路效應」。它甫一推出，會員數就扶搖直上，2006年已經撮合了30萬對男女，一個月吸引了500萬張Page View，目前隨時都有大約3萬名以上的男男女女在線，熱鬧非凡！

令其他網站創業家羨慕的是，PlentyOfFish目前是Google AdSense廣告的最大受益者，它從Google領到的廣告費，據說一個月大約高達90萬美金（大約3,000萬台幣）。目前唯一員工是Markus的女友，因此網站的開銷成本應該不高，也就是說，Markus這個年輕人靠這麼一個簡單的網站，一個月就榮

登了百萬富翁大位，一年後他更變成了千萬富翁！

「Two Mass」問題

談談交友網站前，應該先談談網路上最傳統「Two Mass」問題。這個問題和先前提到的「First 1000」問題相仿，也就是說，「前面1,000個會員怎麼來？」在許多網站，這個「First 1000」的問題更被「Two Mass」問題給框限住，所以，「Two Mass」問題恐怕要比「First 1000」問題還要嚴重！

什麼是「Two Mass」？

網站最強大的地方，是可以在線上撮合兩團、三團或四團彼此不容易廣泛聯絡的族群（masses），但最難的，也是製造這些族群。假如我們要開個交友網站，交友網站主要就分為「男生」和「女生」兩團群眾，假如已有很多男性會員，那女生或許會過來加入，若已有很多女性會員，那男生也會前仆後繼的搶過來加入，可是一個網站剛剛開始，空空如也，鬼都沒有，要怎麼同時吸引一群男生和一群女生進來？

我第一次接觸到此問題，就是在矽谷做過的得獎創業點子「美國大減肥」。記得當時我試著把所有的營養師和所有想減肥的人透過網路串聯在一起，再多漂亮的BP、再宏大的計畫，一進創投辦公室，他們提的就是這個「Two Mass」問題：「How do you gather the two masses?」（你要如何聚合這

兩團群眾？）若站上已有許多駐站營養師，要號召想減肥的人就容易多了；相對之下，若已有許多捧著錢想減肥的，營養師也很願意過來加入。但，在什麼都沒有的時候，無論去找營養師還是減肥者，都沒什麼說服力。這是許多網站創業家都會碰到的「Two Mass」大難題。

對於網路創業家常碰到的「Two Mass」大難題，我最喜歡用一則笑話來比喻：

有一位優秀的商人傑克，某日告訴他的兒子：「我已經決定好了一個女孩子，我要你娶她！」

兒子：「我自己要娶的新娘我自己會決定！」

傑克：「但我說的這女孩可是比爾蓋茲的女兒喔！」

兒子：「哇！那這樣的話⋯⋯」

在一個聚會中，傑克走向比爾蓋茲。

傑克：「我來幫你女兒介紹個好丈夫！」

比爾：「我女兒還沒想嫁人呢！」

傑克：「但我說的這年輕人可是世界銀行的副總裁喔！」

比爾：「哇！那這樣的話⋯⋯」

接著，傑克去見世界銀行的總裁。

傑克：「我想介紹一位年輕人來當貴行的副總裁。」

總裁：「我們已經有很多位副總裁，夠多了。」

傑克：「但我說的這年輕人可是比爾蓋茲的女婿喔！」

總裁：「哇！那這樣的話⋯⋯」

最後，傑克的兒子娶了比爾蓋茲的女兒，又當上世界銀行的副總裁。

笑話的原文最後是下了一個註解：「知道嗎？生意就是這樣談成的！」

應該收錢的不收錢

PlentyOfFish的挑戰，就是要在一塊已經飽和的市場再次克服「Two Mass」的問題。網路上的男生女生不會像上面笑話的比爾與總裁這麼笨，PlentyOfFish甫開站什麼男生女生都沒有，要怎麼成功的吸引第一批男生與女生，找來「First 1000」，並誘發一場「網路效應」？

它回歸了人類的基礎面。就是：「免費」。

你會說，奇怪？網站大部分不都是「免費」的嗎？的確，大部分網站都不會向使用者收會員費，但「交友網站」卻是一批很特別的網站，它們從一開始就成功的收到了會員費；也因此被「寵壞了」，所有新開的網站也因為「市價」而欣然開始收費。你說他們笨？他們會說，能賺到手的就先賺到手吧！

假如是你呢？我們來看看一個關於「交友網站」的數字：

「根據2006年Jupiter Research的報告，當年大約有1,700萬美國網友會去看男女交友網站，其中有250萬名付費。」

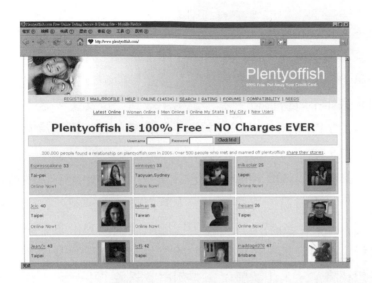

　　大部分想在網路做生意的人，一定會對「250萬」這個數字感到驚訝。250萬人付費！看到這篇報導，一定把所有著眼點都擺在「竟然有250萬名付費者」上面，所以，很自然的就會一直想辦法看看有沒有辦法成為那250萬名客戶的下一個選擇。這些創業家開始編織夢想，假如一個月可以賺30美元，假如拿到100萬名會員，一個月就是3,000萬美元⋯⋯。於是，幾乎所有的網站都把精神花在「如何讓交友更花錢」上面。

　　所以，PlentyOfFish靠這個「回歸免費制度」的奇招，反而出奇制勝，創出了一個難得免費的交友網站，在交友網站圈子掀起了「免費革命」。在每一個小網站都想要藉會員費來賺得「第一桶黃金」的時候，它卻回歸到了網路的基本面：不收費，完全開放。它在首頁便開宗明義：「把你的信

用卡安心的丟到旁邊去吧！」

但有人會說，會員費有個好處，就是一次繳一年份，假如第一個月就交到適合對象的，還是得繼續付十一個月的費用。假如不收會員費，那一個男生找到一位女生，是不是就離開了？PlentyOfFish以廣告為主的策略，會不會就沒有「觀眾」了？

其實PlentyOfFish厲害的也在這裡，一開始交友情境肯定是──加入會員，等著和另一人看對眼的那一刻，自己也在搜尋，此外，如果是我，為了增加兩情相悅的「命中率」，我肯定不會只選一位，而是把所有看得還順眼的全部都點：「想認識」、「想認識」、「想再多認識」！一個人絕不會因為找到了人就馬上離開交友網站，也很有可能再回流。重要的是，PlentyOfFish一直都是「免費」的張開雙臂，歡迎任何一位想再回來交男女朋友的網友。

「會員數」成了活廣告

有趣的是，那些門禁森嚴的一般男女交友網站，雖然靠會員費賺到一些錢，但在競爭這麼激烈的市場上，仍然必須投入很多的廣告經費、安排了很多的行銷預算。對一個美國交友網站而言，將賺來的會員費撥出50%以上在廣告行銷上面是司空見慣的事；他們希望這些廣告，能讓其他還沒加入的快點加入，為網站帶來新鮮面孔。

但，他們忘記了一件事。「交異性朋友」這件事對於網

路上的使用者而言，和「買下這款包包」及「買下這耳環」是不太一樣的。它再怎麼打廣告，不如直接將首頁的那些俊男美女圖片顯示出來。這些俊男美女圖片，本身就是大廣告，不必花錢做任何行銷，就可以門庭若市！

　　PlentyOfFish吸眾的「網路效應」便是如此啟動的。在這個陽春免費交友網站的首頁，它不囉嗦，馬上將目前會員的相片和簡單地點資料，直接顯示在第一頁，而且還有幾百頁在後面，你可以慢慢的一張一張的觀賞。

　　接下來更有趣，由於「交友網站」是一種特別的網站，男生一定要跟女生，女生一定要找男生，它是一個「仲介」目的的網站，當這樣的網站免費的時候，就能吸引更多人前來在裡面廝混，愈多人廝混，這個地方的人氣就愈高，也就是說，這些相片與這些人數，本身很快的就會變成「活廣告」。當PlentyOfFish突破1萬名會員，從小網站變成中型網站時，它同時也靠這「活廣告」自動引爆了一連串的「網路效應」，很快就成長變成現在的龐然巨站！

　　這讓我們聯想起實體世界裡的一種成功的「交友場所」，也就是隱藏在城市巷弄中、那些讓孤男寡女去晃晃（hang out）的「酒吧」。兩個人互看順眼，就會先聊一聊，男的就去吧檯去點一杯馬丁尼給女孩，所以，這種酒吧雖是免費進入，但還是要帶夠銀子，才能買這麼一杯馬丁尼。妙的是，PlentyOfFish就是經營這麼一間酒吧，但它的「馬丁尼」完全免費，一定就有一些男男女女看在「免費」的分上就去了。PlentyOfFish累積了一大堆「俊男美女」（至少相片

上是），在上頭熱鬧的談情說愛，多好玩的地方呀！

免費讓版面能乾淨些

　　PlentyOfFish的免費制度之所以引發「網路效應」的另一個重要原因，就是當此網站免費時，網站內所有的架構都很陽春。這樣的情況就讓此網站特別容易經營，可以繼續堅持「免費策略」，讓這「網路效應」繼續下去。

　　目前網站經營中最重的兩塊成本，第一就是「人事」。美國的資深軟體工程師，年薪在10萬美元以上的（台幣330萬，合月薪27萬台幣左右）滿街都是，所以人事向來是網站中最重的成本。另一個很重的成本則是在「頻寬」、「機房」這些基礎架構上面。PlentyOfFish靠它的陽春版面，來將這兩個成本降到最低！

　　怎麼說呢？目前網頁最受人詬病的，就是頁面愈來愈炫美，以至於需要的人工愈來愈重；從前一個工程師可以寫好幾頁，現在可能要花好幾個工程師慢慢雕琢同一頁的視覺效果、JavaScript的創新控制介面等等。炫美的網頁還有一個問題，那就是載入速度（loading speed）非常的緩慢，慢得如烏龜在地上爬，每次按下一個鈕，網站若能一秒內跳出來，似乎已經夠快了！但若有另一個網站能在十分之一秒內就跳出來，使用者肯定可以馬上感覺到「這個網站比較好用」！

　　PlentyOfFish正是靠它的簡單版面與快速顯示的頁面，獲得不少注意。它的網頁只有藍色的背景和簡單的格式化的排

版，所有字體幾乎都是最普通的，整個版面幾乎沒有其他沒必要的裝飾圖片。它就是給人一種很隨便、很破爛的「免費形象」，但這形象反而使它的頁面下載速度更加快速，讓使用者更能輕鬆自在的在各頁中瀏覽，這個站靠Markus這傢伙一個人就可以輕輕鬆鬆的維護，不必多少人事成本。

另一個免費網站的網路效應三絕

提到「免費網站」，另一個交友網站也抓到了「免費」的精髓，就是HOTorNOT（http://www.hotornot.com）。HOTorNOT早在2000年10月便創立，至今已經六年多。假如瞬息萬變的互聯網一年就是10歲，那它已是近70歲的老公公了。

　　一進去HOTorNOT的首頁，就是一張辣妹（或帥哥）圖，網友在1到10中間選一個評分，然後再給你下一張圖，如此這般下去，你要看幾張都可以。表面上，這只是一個「評他帥不帥」、「評她辣不辣」的網站，其實已經成為一個很好玩的「交友網站」。

　　六年來，HOTorNOT的「三絕」，依舊昂然挺立在競爭激烈的網路界，猶如仙翁站在塵世，高高在上，大家想學卻都學不起來：

　　第一絕，就是HOTorNOT與眾不同的首頁設計。大部分網站的首頁，左邊擺一些框框鼓勵新人加入會員，右邊則收集一堆最新加入的使用者、最新相片、最新文章、最新留言。這樣的設計，就像一個深宮庭園留一扇窗，讓經過的網友一瞥園內的大廳有哪些新上的菜餚或珍寶，除非登入，否則只能這麼一瞥。但HOTorNOT就不囉嗦了，在首頁便直接貫徹了它名字「HOT or NOT」的精神，擺了一張大大的辣妹圖，叫你從1到10評分這位美女。不用想太久，只要按下去就好，按下去以後，馬上又給你第二張圖。這個絕妙的設計，讓這個站四周幾乎沒有任何「圍牆」，所有經過的網友都可以一探深宮祕境，全部免費，連登入都免。當年剛創立一週後，馬上就創下一日200萬張瀏覽頁次（Page View）的紀錄，一直到今天，平均每位瀏覽人次仍有11頁的水準，是CNN.com的3倍。

　　第二絕：HOTorNOT用一種巧妙的方式解決「最初1,000名會員」（First 1000）的問題。一個網站沒有好相片，就沒

有觀眾來看，既已預知沒有觀眾來看，就沒有好相片上傳。面對這點，HOTorNOT只靠一句話：「Am I hot or not?」這句話，在中文世界裡的感覺和意思就好像是女生想問：「我到底是不是教人一眼就有些心動的小美女？」男生也想知道：「我到底是不是讓人有感覺的型男？」HOTorNOT憑這句話，昭告天下網友，大家可以用這個站，來知道自己到底有沒有人喜歡？和別人比又是怎樣的程度？這句話，是許多年輕男女都想做市調的問題（而且他們不想問朋友，而想問陌生人，想知道真正的答案，好再做改進），其實回答這問題的也不必太多人，只要五個人就可以了，而這五個人自己也上載相片給你評一評他（她）到底帥不帥、美不美？換句話說，HOTorNOT一開始「連鬼都沒有」也無所謂，只要有五個人在裡面評分，就有人瘋狂的、開始上載自己最滿意的帥帥美美相片！有了相片，就有人來看；有人來看，就有相片，HOTorNOT很快的就人氣鼎沸、熱得發燙。

第三絕，HOTorNOT堅持開放，但到了想收費的時候，它用一種很棒的方法，平時HOTorNOT是一個免費的「賞圖網站」，你不必擔心要付費，但當你看到一個俊男或美女，恍如雷霆劈腦、驚為天人，你可以按下上面的按鈕，「Click here to meet me」，表示「我想跟她聯絡」。酷的就在這裡，平時，HOTorNOT就到此為止，不會再繼續為你們兩位牽線，但，只要那位美女也對你按下「我想跟他聯絡」時，就變成「雙人速配」（double match），HOTorNOT就會要求你們兩位至少其中一位要加入變成會員，然後便幫你們兩位

互相交換聯絡資訊。這招，讓它的會員費只要每個月6美元（200元新台幣），比其他動輒20美元以上會費的交友網站低廉許多，雖然HOTorNOT目前只有大約60萬名活躍會員，但年營收卻可達500至1,000萬美元（新台幣2至3億元）！

當然，這樣的收入，不見得比那些超大站如Yahoo!與Match.com所經營的男女交友平台還要賺錢，但，無論是PlentyOfFish或HOTorNOT，它們示範了一套「網路吸眾術」，在這麼一個競爭激烈的市場，還能靠巧妙的「網路效應」，在短期內以幾乎零行銷的預算，聚積了一群忠誠度極高的會員群。它們的故事，值得網路工作者、網路創業家以及所有想再多利用網路潛力做到砸錢都做不到的效果的各界人士繼續研究，繼續引為參考，也繼續大膽的創造與創新。

讓我們闊手期待，下一個一傳十、十傳百的「網路效

應」的來臨。期待那一份驚喜，不再只是以故事、知識、讚
嘆的形式，出現在這樣的一本書裡，而是化成真正的實際的
績效，助您達成夢想、完成使命。

AQUARIUS

寶瓶文化叢書目錄

寶瓶文化事業有限公司
地址：台北市110信義區基隆路一段180號8樓
電話：(02) 27463955
傳真：(02) 27495072　劃撥帳號：19446403
※如需掛號請另加郵資40元

系列	書號	書名	作者	定價
Vision	V001	向前走吧	羅文嘉	NT$250
	V002	要贏趁現在──總經理這麼說	邱義城	NT$250
	V003	逆風飛舞	湯秀璸	NT$260
	V004	失業英雄	楊基寬‧顧蘊祥	NT$250
	V005	19歲的總經理	邱維濤	NT$240
	V006	連鎖好創業	邱義城	NT$250
	V007	打進紐約上流社會的女強人	陳文敏	NT$250
	V008	御風而上──嚴長壽談視野與溝通	嚴長壽	NT$250
	V009	台灣之新──三個新世代的模範生	鄭運鵬、潘恆旭、王莉茗	NT$220
	V010	18個酷博士@史丹佛	劉威麟、李思萱	NT$240
	V011	舞動新天地──唐雅君的健身王國	唐雅君	NT$250
	V012	兩岸執法先鋒──大膽西進，小心法律	沈恆德、符霜葉律師	NT$240
	V013	愛情登陸計畫──兩岸婚姻A–Z	沈恆德、符霜葉律師	NT$240
	V014	最後的江湖道義	洪志鵬	NT$250
	V015	老虎學──賴正鎰的強者商道	賴正鎰	NT$280
	V016	黑髮退休賺錢祕方──讓你年輕退休超有錢	劉憶如	NT$210
	V017	不一樣的父親，A+的孩子	譚德玉	NT$260
	V018	超越或失控──一個精神科醫師的管理心法	陳國華	NT$220
	V019	科技老爸，野蠻兒子	洪志鵬	NT$220
	V020	開店智慧王	李文龍	NT$240
	V021	看見自己的天才	盧蘇偉	NT$250
	V022	沒有圍牆的學校	李崇建‧甘耀明	NT$230
	V023	收刀入鞘	呂代豪	NT$280
	V024	創業智慧王	李文龍	NT$250
	V025	賞識自己	盧蘇偉	NT$240
	V026	美麗新視界	陳芸英	NT$250
	V027	向有光的地方行去	蘇盈貴	NT$250
	V028	轉身──蘇盈貴的律法柔情	蘇盈貴	NT$230
	V029	老鼠起舞，大象當心	洪志鵬	NT$250
	V030	別學北極熊──創業達人的7個特質和5個觀念	劉威麟	NT$250
	V031	明日行銷──左腦攻打右腦2	吳心怡	NT$250
	V032	十一號談話室──沒有孩子「該」聽話	盧蘇偉	NT$260
	V033	菩曼仁波切──台灣第一位轉世活佛	林建成	NT$260
	V034	小牌K大牌	黃永猛	NT$250
	V035	1次開店就成功	李文龍	NT$250
	V036	不只要優秀──教養與愛的27堂課	盧蘇偉	NT$260
	V037	奔向那斯達克──中國簡訊第一人楊鑌的Roadshow全記錄	康橋	NT$240
	V038	七千萬的工作	楊基寬	NT$200
	V039	滾回火星去──解決令你抓狂的23種同事	派崔克‧布瓦＆傑羅姆‧赫塞 林雅芬譯	NT$220
	V040	行銷的真謊言與假真相──吳心怡觀點	吳心怡	NT$240
	V041	內山阿嬤	劉賢妹	NT$240
	V042	背著老闆的深夜MSN對談	洪志鵬	NT$250
	V043	LEAP！多思特的不凡冒險 ──一段關於轉變、挑戰與夢想的旅程	喬那森‧柯里翰 余國芳譯	NT$230

給你新的視野，也給你成功的典範

給你新的視野，也給你成功的典範

國家圖書館預行編目資料

Sweet spot：一夕爆紅網路
　　作. -- 初版. -- 臺北市
　　2007.08
　　面；　　公分. -- (Vision
　　ISBN 978-986-6745-05-
　　1. 網際網路 2. 網站

312.91653　　　　　　　　96014964

Vision 068

Sweet Spot：一夕爆紅網路效應

作者／Mr. 6

發行人／張寶琴
社長兼總編輯／朱亞君
主編／張純玲
編輯／羅時清
外文主編／簡伊玲
美術主編／林慧雯
校對／羅時清‧陳佩伶‧余素維‧劉威麟
企劃主任／蘇靜玲
業務經理／盧金城
財務主任／趙玉雯　業務助理／林裕翔
出版者／寶瓶文化事業有限公司
地址／台北市 110 信義區基隆路一段 180 號 8 樓
電話／(02) 27463955　傳真／(02) 27495072
郵政劃撥／19446403　寶瓶文化事業有限公司
印刷廠／世和印製企業有限公司
總經銷／聯經出版事業公司
地址／台北縣汐止市大同路一段 367 號三樓　電話／(02) 26422629
E-mail／aquarius@udngroup.com
版權所有‧翻印必究
法律顧問／理律法律事務所陳長文律師、蔣大中律師
如有破損或裝訂錯誤，請寄回本公司更換
著作完成日期／二〇〇七年六月
初版一刷日期／二〇〇七年八月
初版三刷日期／二〇〇七年八月三十一日
ISBN／978-986-6745-05-8
定價／二五〇元

AQUARIUS

愛書人卡

感謝您熱心的為我們填寫，
對您的意見，我們會認真的加以參考，
希望寶瓶文化推出的每一本書，都能得到您的肯定與永遠的支持。

系列：V068　書名：Ｓｗｅｅｔ　Ｓｐｏｔ：一夕爆紅網路效應

1.姓名：_____　性別：□男　□女

2.生日：_____年_____月_____日

3.教育程度：□大學以上　□大學　□專科　□高中、高職　□高中職以下

4.職業：_____

5.聯絡地址：_____

　聯絡電話：（日）_____（夜）_____

　　　　　　（手機）_____

6.E-mail信箱：_____

7.購買日期：_____年_____月_____日

8.您得知本書的管道：□報紙／雜誌　□電視／電台　□親友介紹

　　□逛書店　□網路　□傳單／海報　□廣告　□其他

9.您在哪裡買到本書：□書店，店名_____□　劃撥　□現場活動

　　□贈書　□網路購書，網站名稱：_____□其他_____

10.對本書的建議：（請填代號　1.滿意　2.尚可　3.再改進，請提供意見）

　　內容：_____

　　封面：_____

　　編排：_____

　　其他：_____

　　綜合意見：_____

11.希望我們未來出版哪一類的書籍：_____

讓文字與書寫的聲音大鳴大放

寶瓶文化事業有限公司